国家级骨干高职院校建设规划教材

有机产品分析

■ 王立屏　李永辉　主编
■ 高洪潮　主审

YOUJI CHANPIN FENXI

化学工业出版社
·北　京·

本书重点介绍了有机化工产品的性质、定量测定方法和混合物的分离。全书分为五个大项目，内容包括物理常数的测定，含氧有机化合物、含杂元素有机化合物、不饱和有机化合物的定量测定，有机混合物的分离及测定等。每个大项目中根据本专业面向的有机产品工业生产实际，分别设置了不同的任务。每个任务包括三大部分：工作任务书，简要介绍学习本项目需要达到的目标；知识与技能储备，通过项目来详尽讲述本章主要涉及的内容，旨在帮助学生理清基本概念、提高动手能力、满足理论教学与实验操作有机结合的要求，以求解决学生理论与应用脱节的问题，通过实训把有机分析理论与应用紧密地结合起来，使学生实验操作目的明确，对教学起到良好的保障作用；结合教学实际，并根据教学规律，设置了与本项目内容相应的思考练习题与测试题。

图书在版编目（CIP）数据

有机产品分析/王立屏，李永辉主编. —北京：化学工业出版社，2013.9（2025.2重印）

国家级骨干高职院校建设规划教材

ISBN 978-7-122-18148-0

Ⅰ.①有… Ⅱ.①王…②李… Ⅲ.①有机化工-化工产品-分析-高等职业教育-教材 Ⅳ.①TQ207

中国版本图书馆 CIP 数据核字（2013）第 181508 号

责任编辑：旷英姿 窦 臻　　文字编辑：颜克俭

责任校对：边 涛　　装帧设计：尹琳琳

出版发行：化学工业出版社（北京市东城区青年湖南街 13 号 邮政编码 100011）

印 装：北京科印技术咨询服务有限公司数码印刷分部

787mm×1092mm 1/16 印张 10½ 字数 254 千字 2025 年 2 月北京第 1 版第 6 次印刷

购书咨询：010-64518888　　售后服务：010-64518899

网 址：http：//www.cip.com.cn

凡购买本书，如有缺损质量问题，本社销售中心负责调换。

定 价：25.00 元

序

PREFACE

配合国家骨干高职院校建设，推进教育教学改革，重构教学内容，改进教学方法，在多年课程改革的基础上，河北化工医药职业技术学院组织教师和行业技术人员共同编写了与之配套的校本教材，经过3年的试用与修改，在化学工业出版社的支持下，终于正式编印出版发行，在此，对参与本套教材的编审人员、化学工业出版社及提供帮助的企业表示衷心感谢。

教材是学生学习的一扇窗口，也是教师教学的工具之一。好的教材能够提纲挈领，举一反三，授人以渔，而差的教材则洋洋洒洒，照搬照抄，不知所云。囿于现阶段教材仍然是教师教学和学生学习不可或缺的载体，教材的优劣对教与学的质量都具有重要影响。

基于上述认识，本套教材尝试打破学科体系，在内容取舍上摒弃求全、求系统的传统，在结构序化上，从分析典型工作任务入手，由易到难创设学习情境，寓知识、能力、情感培养于学生的学习过程中，并注重学生职业能力的生成而非知识的堆砌，力求为教学组织与实施提供一种可以借鉴的模式。

本套教材涉及生化制药技术、精细化学品生产技术、化工设备与机械和工业分析与检验4个专业群共24门课程。其中22门专业核心课程配套教材基于工作过程系统化或CDIO教学模式编写，2门专业基础课程亦从编排模式上做了较大改进，以实验现象或问题引入，力图抓住学生学习兴趣。

教材编写对编者是一种考验。限于专业的类型、课程的性质、教学条件以及编者的经验与能力，本套教材不妥之处在所难免，欢迎各位专家、同仁提出宝贵意见。

河北化工医药职业技术学院　院长　柴锡庆

2013年4月

前言

F O R E W O R D

本教材是按国家骨干院校建设要求及工业分析与检验专业人才培养方案为依据编写的项目化教材。随着教学改革的不断深入，有机分析教学在课程体系、教学内容、教学手段和教学模式等方面都发生了新的变化。为了适应这种变化形势的需要，我们编写了这套既能涵盖有机分析化学基本概念、基本理论、基本方法，又能反映时代特色和项目化教学特点的新教材。本书包含以下内容：（1）有机化合物物理常数的测定，包含熔点、沸点、旋光度、折射率测定等内容；（2）有机化合物的分离及定量测定，包含含氧、含杂元素及不饱和化合物的分离、定性鉴定及定量测定，分析手段涉及高效液相色谱、气相色谱、薄层色谱、永停滴定及化学分析中常用的滴定分析等。

本书能帮助学生对本课程的重点内容如不同类别有机化合物的定量测定原理、方法及条件和基本概念、基本反应等有更加深入和更加全面的理解；能帮助学生很好地建立分析题目的思路和学习解析题目的方法。在师生交流方面也能起到桥梁的作用。本教材可供高职高专院校工业分析与检验、医药等专业的学生使用，也可作为相关专业自学者的学习参考书。

本教材由河北化工医药职业技术学院王立屏、石药集团质量管理部 QC（品质控制员）李永辉主编，河北化工医药职业技术学院张晓媛、李丽欣参加编写。具体编写分工如下：王立屏编写项目一、项目三和项目五，李永辉编写项目四，张晓媛和李丽欣共同编写项目二。本书由河北化工医药职业技术学院高洪潮主审。在编写过程中参考了大量文献资料，谨向原作者表示感谢！本教材在编写及出版过程中得到了河北化工医药职业技术学院各级领导和化学工业出版社的大力支持，在此谨表衷心谢忱。但由于我们水平有限、经验不足，编写的时间又过于仓促，书中难免存在的疏漏及不足之处，敬请广大读者提出宝贵意见和建议，以便修订时加以完善。

编者

2013 年 7 月

目录

CONTENTS

项目一　有机化合物物理常数的测定

任务一　熔点的测定

一、工作任务书

“苯甲酸熔点的测定”工作任务书

工作任务	某企业产品苯甲酸熔点测定
任务分解	1. 复习酒精灯的使用； 2. 学习b形管的使用； 3. 学习熔点管的制备(样品的填装)及使用； 4. 根据国家标准方法测定苯甲酸熔点； 5. 学习熔点的校正及计算方法
目标要求	**技能目标** 1. 能够正确处理样品,完成样品的填装； 2. 能够选择热浴载热体； 3. 能够知道熔点测定过程的影响因素； 4. 会根据现象判断并读取熔点； 5. 能够按照给定的程序对苯甲酸熔点进行测定,得到需要的数据； 6. 能够对测得数据进行校正,得出正确的熔点数值 **知识目标** 1. 能理解熔点和熔距的概念； 2. 能说出固态化合物熔点和分子结构的关系； 3. 能区别全浸式温度计和半浸式温度计； 4. 能掌握温度计的校正方法； 5. 能说出影响熔点测定准确性的因素； 6. 能掌握熔点的校正及计算方法
学生角色	企业化验员
成果形式	学生原始数据单、检验报告单、知识和技能学习总结
备注	执行标准:GB/T 617—2006《化学试剂熔点范围测定通用方法》 GB/T 1901—2005《食品添加剂苯甲酸》

二、工作程序

(一) 查阅相关国家标准

(1) 图书馆工具书，国家标准或化工行业标准。

(2) 专业网站，参考网站如下：

中国标准服务网（http：//www. cssn. net. cn）

中国标准网（http：//www.standardcn.com）

中国标准下载网（http：//www.biaozhunxiazai.cn）

我要找国标网（http：//www.51zbz.com）

食品伙伴网（http：//www.foodmate.net）

（二）导入问题

1. 什么是熔点？什么是熔距？
2. 常用的载热体和测量熔点的装置有哪些？
3. 测定熔点时为什么需要用干净的熔点管和表面皿？
4. 如果毛细管中样品没有压实对测定结果有何影响？
5. 为什么采用提勒管或双浴式热浴？
6. 为什么要对测得的熔点数值进行校正？如何校正？

（三）知识与技能的储备

1. 熔点与熔距

在常温常压下，物质受热时从固态转变成液态的过程称为熔化。反之，物质放热时从液态转变为固态的过程称为凝固。在一定条件下，固态和液态相互共存达到平衡状态时的温度，就是该物质的熔点。物质从开始熔化至全部熔化的温度间隔，称为熔点范围或熔距。

2. 熔点的测定

熔点测定方法有毛细管法和显微熔点测定法等。毛细管法是测定熔点最常用的方法。

(1) 测定装置　毛细管法一般采用提勒管或双浴式热浴加热测定熔点。其特点是加热均匀、升温速度容易控制，装置简单、操作方便。如图 1-1 及图 1-2 所示。

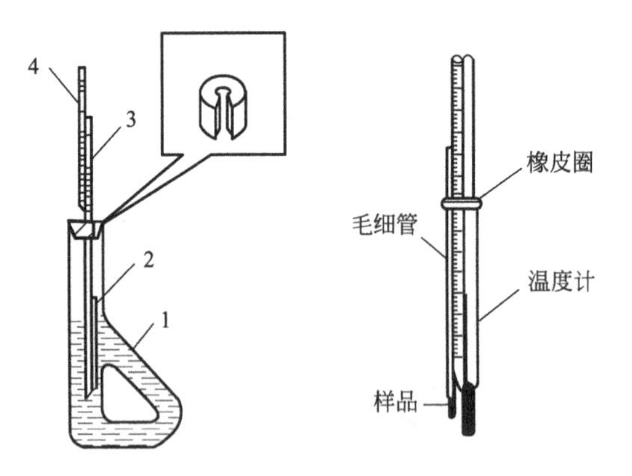

图 1-1　提勒管热浴

1—提勒管（b 形管）；2—毛细管；3—温度计；4—辅助温度计

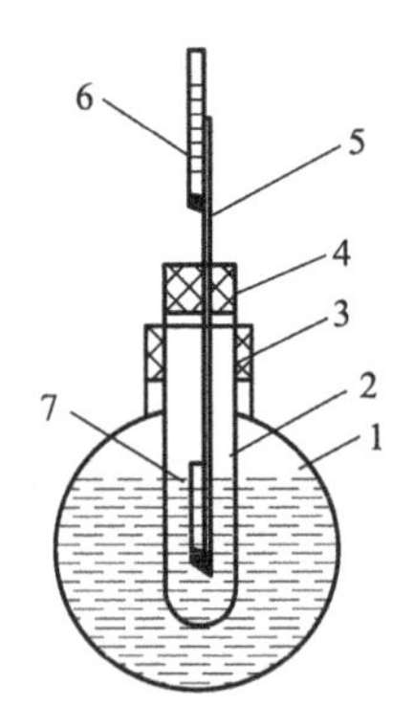

图 1-2　双浴式热浴

1—圆底烧瓶；2—试管；3，4—胶塞；5—温度计；6—辅助温度计；7—熔点管

提勒管是实验室最常用的加热装置，又称 b 形管。管口装有开口软木塞或橡胶塞（必须有开口与大气相通，否则会造成爆炸事故），温度计插入其中，刻度面向胶塞开口处，水银球位于 b 形管上下两叉管口中间。b 形管内装入浴液（加热液体），液面至上叉管处即可，因为加热时浴液体积会增大。在提勒管侧管部位用小火加热，使载热体受热时以对流方式传

至管内各部分，因此不需要任何搅拌，就能使浴液温度均匀上升。

双浴式热浴采用双载热体加热，外部载热体受热后将热量传递给内部。具有加热均匀、容易控制加热速度的优点。

（2）常用载热体　载热体的沸点应高于试样的全熔温度，而且性能稳定，清澈透明。常用的载热体见表 1-1。硫酸价格便宜，使用普遍，但腐蚀性强。高温时会分解放出三氧化硫，故加热不宜过快，使用时要倍加小心，并戴上防护眼镜。硫酸适用于测定 220℃以下的熔点，若熔点在 220℃以上时，可用硫酸和硫酸钾（7∶3）混合液作为浴液。当有机物使硫酸颜色变深并妨碍观察时，加入几颗硝酸钾晶体，加热后即可褪色。石蜡比较安全，但容易变黄，一般在 170℃以下使用。硅油不易燃，在相当宽的温度范围内黏度变化不大，温度可达 250℃，是较理想的浴液。

表 1-1　常用载热体

载热体	使用温度范围/℃	载热体	使用温度范围/℃
液体石蜡	<230	甘油	<230
浓硫酸	<220	有机硅油	<350

3. 熔点测定的影响因素

测定熔点是有机产品分析中一项极重要的操作，熔点测定不准会导致错误的结论、测定时须注意下列因素的影响。

（1）杂质的影响　试样中混入杂质（水分、灰尘或其他物质）时，熔点降低、熔距增大。因此测定熔点前试样一定要干燥，并防止混入杂质。

（2）毛细管的影响　毛细管内壁应洁净、干燥，否则引入杂质使熔点偏低。底部要熔封，但不宜太厚，且内径粗细要均匀，约为 1mm，过细装样困难，过粗使试样受热不均匀。测定易分解、易脱水、易吸潮或升华的试样时，毛细管两端均应熔封。

（3）试样的细度及填装质量的影响　样品装入前要尽量研细。有粗大颗粒时，受热不均，易造成误判。装入量不可过多，毛细管中试样压实后 2～3mm 高即可，否则会使熔距增大或结果偏高。试样要装紧，疏松会使测得值偏低。

（4）升温速度的影响　升温速度不宜过快或过慢。过快由于载热体升温很快，来不及传到毛细管内的试样，即试样未达到载热体的温度时，温度计已经显示出了载热体的温度，所以测得值偏高。另外，升温太快，不易读数；升温速度越慢，温度计读数越精确。但对于易分解和易脱水的试样，升温速度太慢、加热时间太长，会使熔点偏低。所以，国家标准中对所测试样的升温速度有具体规定，应严格遵守。

（5）熔化现象的观察　试样出现明显的局部液化现象时的温度为初熔温度，试样刚好全部熔化时的温度为全熔温度。这两个温度之间的间隔称为熔距。某些试样在熔化前出现收缩、软化、出汗（在毛细管壁出现细微液滴）或发毛（试样受热后膨胀发松，表面不平整）等现象，均不作为初熔的判断，否则测得值偏低。受热过程中，试样收缩、软化、出汗、发毛阶段过长，说明试样质量较差。

（6）温度计的影响　温度计是实验室最常用的测温仪器之一。一般使用测量精度为分度值 0.1℃，并具有适当量程的温度计。温度计读数是否准确是所测出的熔点数据准确与否的关键。在测定熔点时，实测熔点与标准熔点（文献值）之间往往会相差 1～2℃，温度计的偏差是一个重要因素。如温度计中的毛细管孔径不均匀，有时刻度不够精确。另外长期使用过的温度计，玻璃也可能发生形变而使刻度不准。因此所用棒式玻璃温度计或内标式玻璃温度计，在使用前必须用标准温度计进行示值误差的校正，而且每年至少校正一次。校正后列出温度计校正值（见表 1-2）或画出温度计校正曲线。严格地说，为了得到正确的熔点，仅这样校正还是不够的，还要对温度计外露段所引起的误差进行读数校正。温度计刻度划分有全浸式和半浸式两种。国家标准规定测量熔点时所用温度计为符合 JJG130 规定、分度值为 0.1℃的全浸式温度计，全浸式的刻度是在温度计的水银柱全部均匀受热的情况下刻出来的。

表 1-2 温度计的校正值 单位：℃

项目	标准温度计读数							
	5	10	15	20	25	30	35	40
校正值	+0.1	0	0	−0.1	−0.1	−0.1	0	0

但实际测定熔点时温度计水银柱不能全浸在热浴内，一段水银柱外露在空气中，由于受空气冷却作用的影响，玻璃和水银的膨胀较全部受热时小，使观测到的温度比真实浴温低一些。温度在 100℃以下，误差还不显著，但在 200℃以上可达 2～8℃。偏低值可以用式（1-1）求出：

$$校正值\ \Delta t = 0.00016(t_1 - t_2)h \tag{1-1}$$

式中 0.00016——玻璃与水银膨胀系数的差值；

t_1——主温度计读数，℃；

t_2——露出液面部分水银柱的平均温度，℃；

h——外露在热浴液面的水银柱高度，℃。

t_2 的测定可采用辅助温度计，把辅助温度计的水银球放在熔点浴与主温度计指示温度 t_1 点的中间，此时辅助温度计的指示温度，相当于露出液面部分水银柱的平均温度，如此即可近似地测出 t_2。

$$校正后的熔点\ t = t_1 + \Delta t \tag{1-2}$$

4. 熔点测定在生产中的应用

（1）检验有机化合物的纯度　纯物质通常有很敏锐的熔点，熔点范围狭窄，一般在 0.5～1℃之间。如果有杂质存在时，物质的熔点温度就会降低，熔点间距增大，超出 0.5～1℃。杂质含量越高，熔点范围越大。所以，熔点是检验固体有机化合物纯度的重要标志。

受热容易分解的有机化合物，即使是纯净物，也没有固定的熔点，而且熔点间距也比较大。这是因为化合物局部分解后，分解产物就会作为杂质存在，从而影响试样的熔点的熔距。

（2）鉴别未知有机化合物　熔点在一定程度上反映了晶体物质的晶格能的大小。纯净的固态有机化合物有自己独特的晶形结构和晶格能，因此由固态变为液态时，要吸收固定的热能。所以纯净的固态有机化合物都有各自的熔点温度。熔点可作为鉴定该化合物的证据。将测得的熔点与文献值对照，可判断未知物的类型。

在鉴定某一化合物和已知物是否是同一物质时，可利用上述性质，将两种物质研细并以等量混合，然后分别测定混合物的熔点和化合物各自的熔点。如果混合物的熔点与纯 A 和纯 B 的熔点相同，那么 A 和 B 几乎肯定是同一化合物了。若混合物熔点下降或熔距增宽，就可以得出结论，它们不是同一化合物。

（四）读懂检测方案

苯甲酸是一种常用的化工原料，主要用于医药、染料载体、增塑剂、香料等的生产，也是一种常用的食品添加剂。常温下为片状或鳞片状结晶，熔点 122.1℃。国家标准规定食品添加剂苯甲酸的熔点测定采用微量法（毛细管法），以丙三醇为载热体，样品装入毛细管中压实，加热至样品出现微小液滴时为初熔，样品完全熔化时为全熔。以辅助温度计校正其数值即为样品熔点。

（五）检测方案实施

1. 仪器与试剂

熔点管若干支；b 形管 1 支；温度计（具有适当的量程，分度值 0.1℃）2 支；橡皮圈；玻璃管（长 800mm）1 根；表面皿 1 块；铁架台；酒精灯 1 个；带出气槽胶塞 1 个。

甘油或硅油；苯甲酸。

2. 检测步骤

(1) 装填样品　取 0.1～0.2g 预先研细并烘干的苯甲酸样品，堆积于干净的表面皿上，将熔点管开口一端插入样品堆中，反复数次，就有少量样品进入熔点管中。然后将熔点管在垂直的约 40cm 的玻璃管中自由下落，使样品紧密堆积在熔点管的下端，反复多次，直到样品高约 2～3mm。

(2) 仪器装置　将 b 形管固定于铁架台上，倒入丙三醇（甘油）作为浴液，其用量以略高于 b 形管的上侧管为宜。

将装有样品的熔点管用橡皮圈固定于温度计的下端，使熔点管装样品的部分位于水银球的中部。然后将此带有熔点管的温度计，通过有缺口的软木塞小心插入 b 形管中，使之与管同轴，并使温度计的水银球位于 b 形管两支管的中间。

(3) 熔点测定　慢慢加热 b 形管的支管连接处，用酒精灯加热，使温度每分钟上升约 5℃。观察并记录样品开始熔化时的温度，此为样品的粗测熔点，作为精测的参考。当温度升至离熔点约 10℃时，用橡皮筋将辅助温度计和主温度计固定在一起，使辅助温度计的水银球位于主温度计外露段水银柱的中部。控制火焰使每分钟升温不超过 1℃。当熔点管中的样品开始塌落、湿润、出现小液滴时，表明样品开始熔化，此时温度即样品的初熔温度。记录此时主温度计及辅助温度计读数，同时记录胶塞上沿处主温度计读数。继续加热，至固体全部消失变为透明液体时，此即样品的全熔温度。记录此时主温度计及辅助温度计读数，同时记录胶塞上沿处主温度计读数。

(4) 求熔点值　根据式 (1-2)，求出校正后的熔点值。样品的熔点表示为 $t_{初熔}$～$t_{全熔}$。

三、问题与思考

(1) 第一次测熔点时已经熔化的有机化合物是否可再做第二次测定？为什么？

(2) 接近熔点时升温速度为何要控制得很慢？如升温太快，有什么影响？

(3) 如果待测样品取得多或过少对测定结果有何影响？

四、检查与评价

（一）选择题

1. 化合物的熔点是指（　　）。
   A. 常压下固液两相达到平衡时的温度
   B. 任意常压下固液两相达到平衡时的温度
   C. 标准大气压下固液两相共存达到平衡时的温度
   D. 由固态变为液态时的温度
2. 测定熔点的方法有（　　）。
   A. 毛细管法　　B. 熔点仪法　　C. 蒸馏法　　D. 分馏法
3. 测熔点时，火焰加热的位置应在（　　）。
   A. b形管底部　　B. b形管两支管交叉处
   C. b形管上支管口处　　D. 任意位置
4. 测熔点时，温度计水银球的位置应在（　　）。
   A. b形管底部　　B. b形管两支管中间处
   C. 液面下任意位置
5. 测熔点时，橡皮圈位置（　　）。
   A. 液面下　　B. 液面上　　C. 任意位置
6. 下列说法中错误的是（　　）。
   A. 熔点是指物质的固态与液态共存时的温度
   B. 初熔的温度是指固体物质软化时的温度
   C. 测熔点是确定固体化合物纯度方便、有效的方法
   D. 纯化合物的熔程一般介于0.5～1℃
7. 下列说法中正确的是（　　）。
   A. 杂质使熔点升高，熔距拉长
   B. 毛细管内有少量水，不必干燥
   C. 石蜡油作油浴，不能测定熔点在200℃以上的物质
   D. 用过的毛细管可重复测定
8. 熔距（熔程）是指化合物（　　）温度的差。
   A. 初熔与终熔　　B. 室温与初熔
   C. 室温与终熔　　D. 文献熔点与实测熔点
9. 毛细管法测熔点时，使测定结果偏高的因素是（　　）。
   A. 样品装得太紧　　B. 加热太快
   C. 加热太慢　　D. 毛细管靠壁

（二）判断题

1. 毛细管法测定熔点时，装样量过多使测定结果偏高。（　　）
2. 毛细管法测定熔点升温速率是测定准确熔点的关键。（　　）

（三）计算题

1. 测定硫脲熔点得如下数据：

	初熔	全熔
主温度计读数	172.0℃	174.0℃
辅助温度计读数	38℃	40℃

温度计刚露出塞外刻度值 149℃

求校正后的熔点。

2. 测定某物质熔点得到以下数据：主温度计为 190.0℃，辅助温度计读数为 65℃，胶塞处刻度为 60.0℃，求此物质校正后的熔点值。并求出辅助温度计底部的具体位置（具体温度数值）。

任务二　沸点的测定

一、工作任务书

“乙醇沸点的测定”工作任务书

工作任务	某企业产品乙醇沸点测定
任务分解	1. 复习 b 形管的使用，学习大气压力计的使用及读数方法； 2. 学习沸点管的制备、液体样品的填装； 3. 学习正确判断沸点现象，读取沸点数值； 4. 根据国家标准方法测定乙醇的沸点； 5. 学习沸点的校正及计算方法
目标要求	**技能目标** 1. 能够制备沸点管； 2. 能够正确安装使用沸点测定装置； 3. 能够按照给定的程序对乙醇沸点进行测定，得到需要的数据； 4. 够正确观察沸点现象并读取沸点数值； 5. 能够进行沸点测定结果的校正及计算； 6. 能够描述毛细管法测沸点的一般程序并熟悉其他常用的沸点沸程测定方法 **知识目标** 1. 能理解沸点和沸程的概念； 2. 能理解液态化合物分子结构和沸点的关系； 3. 能了解无水乙醇的物理性质； 4. 熟知沸点测定原理和沸点在有机化合物的检测过程中的作用； 5. 能说出影响沸点测定的因素； 6. 能正确进行沸点的校正及计算
学生角色	企业化验员
成果形式	学生原始数据单、检验报告单、知识和技能学习总结
备注	执行标准：GB/T 616—2006《化学试剂沸点范围测定通用方法》

二、工作程序

（一）查阅相关国家标准

见本项目任务一。

（二）导入问题

1. 什么是沸点、沸程？沸点和物质纯度之间有什么关系？
2. 测定沸点时常用的方法有哪些？
3. 为什么测定沸点时需要将温度升到沸点以上？什么时候读取沸点数值？
4. 为什么要对测得的沸点数值进行校正？如何进行校正？
5. 微量法测沸点对样品有什么要求？如果达不到这样的要求对测定结果有什么影响？
6. 液体试样的沸程很窄是否能确证它是纯化合物？为什么？

（三）知识与技能的储备

1. 沸点和沸程

液体的分子由于分子运动有从表面逸出的倾向，这种倾向随着温度的升高而增大，进而在液面上部形成蒸气。当分子由液体逸出的速度与分子由蒸气中回到液体中的速度相等时，液面上的蒸气达到饱和，称为饱和蒸气。它对液面所施加的压力称为饱和蒸气压。实验证明，液体的蒸气压只与温度有关，即液体在一定温度下具有一定的蒸气压。当液体的蒸气压增大到与外界施于液面的总压力相等时，就有大量气泡从液体内部逸出，即液体沸腾。这时的温度称为液体的沸点。

物质的沸点是指在标准大气压下液体沸腾时的温度。因为沸点随气压的改变而发生变化，所以如果不是在标准气压下进行沸点测定时，必须将所测得的沸点加以校正。在一定外压下，纯液体有机化合物都有一定的沸点，而且沸程也很小，一般不超过 0.5～1℃。若含有杂质则沸程增大。所以测定沸点是鉴定有机化合物和判断物质纯度的依据之一。但应注意，有时几种化合物由于形成恒沸混合物，也会有固定的沸点。例如，乙醇 95.6%和水 4.4%混合，形成沸点为 78.2℃的恒沸混合物。所以沸程小的物质，未必就是纯物质。测定沸点常用的方法有常量法（蒸馏法）和微量法（沸点毛细管法）两种。

2. 沸点的测定

（1）沸点的测定——微量法（毛细管法） 毛细管法测定沸点装置和熔点测定基本相同，只是样品装入沸点管中。沸点管是由一支直径 4～5mm、长 70～80mm，一端封闭的玻璃管和一根直径 1mm、长 90～110mm 的一端封闭的毛细管所组成。将毛细管开口端向下倒置于加了样品的玻璃管中，即为沸点管。把沸点管缚于温度计上（图 1-3），置于热浴中，缓缓加热，直至从倒插的毛细管中冒出一股快而连续的气泡流时，即移去热源，气泡逸出速度因冷却而逐渐减慢，当气泡停止逸出而液体刚要进入毛细管时，表明毛细管内蒸气压等于外界大气压，此刻的温度即为试样的沸点。

测定时注意，加热不可过剧，否则液体迅速蒸发至干无法测定；但必须将试样加热至沸点以上再停止加热，若在沸点以下就移去热源，由于管内的蒸气压力小于大气压，液体就会立即进入毛细管内。

微量法的优点是很少量试样就能满足测定的要求。主要缺点是只有试样特别纯才能测得准确值。如果试样含少量易挥发杂质，则所得的沸点值偏低。

（2）沸点的测定——常量法 常量法测沸点是液体有机试剂沸点测定的通用试验方法。测定装置如图 1-4 所示。烧瓶中加入 1/2 的载热体，量取适量试样，注入试管中，其液面略

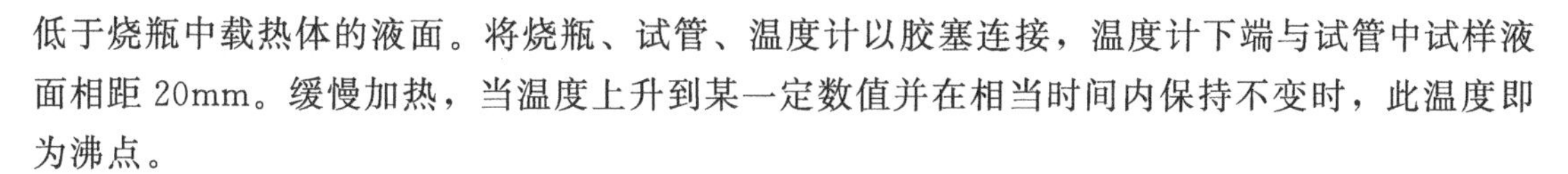

低于烧瓶中载热体的液面。将烧瓶、试管、温度计以胶塞连接，温度计下端与试管中试样液面相距 20mm。缓慢加热，当温度上升到某一定数值并在相当时间内保持不变时，此温度即为沸点。

常量法适用于受热易分解、易氧化的液体有机试剂的沸点测定。

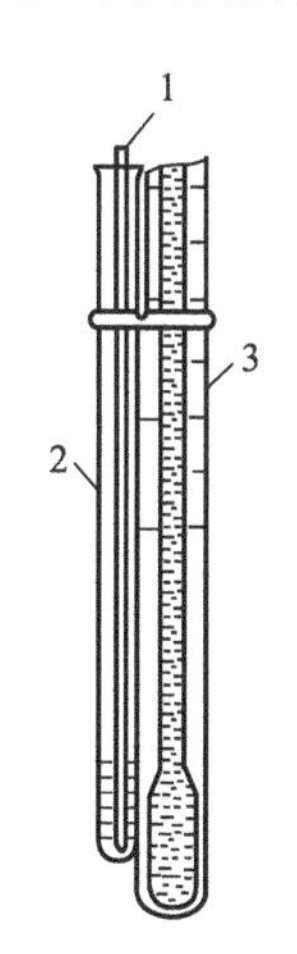

图 1-3　毛细管法测定沸点

1——一端封闭的毛细管；2——一端封闭的粗玻璃管；3—温度计

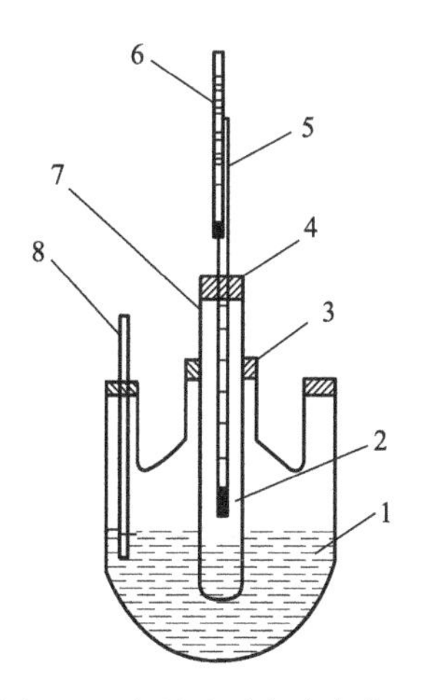

图 1-4　常量法测定沸点装置

1—三口圆底烧瓶；2—试管；3，4—胶塞；5—测量温度计；6—辅助温度计；7—侧孔；8—温度计

3. 沸点的校正

有机化合物的沸点随外界气压的改变而发生变化，而各地区由于受不同地理及气象条件的影响，气压有显著的不同，这样所测量出的结果无法进行对比。因此，必须将测量时的气压值换算为标准大气压力值，并将所测得的沸点加以校正。

标准大气压是指温度为 0℃、纬度为 45°、760mm 水银柱作用于海平面上的压力，其数值为 101325Pa（1013.25hPa）。

在观测大气压时，通常使用固定槽式水银气压计，而观测地区和标准大气压所规定的条件（0℃、纬度 45°、海平面高度）不相符，因此首先要对气压计的读数进行温度和纬度的校正，然后再进行气压对沸点和沸程温度的校正。

（1）气压计读数的校正——温度和纬度的校正

$$p=p_t-\Delta p_1+\Delta p_2 \tag{1-3}$$

式中　p——经校正后的气压，hPa；

p_t——室温时的气压，hPa；

Δp_1——由室温时之气压换算至 0℃时气压之校正值，hPa；

Δp_2——纬度校正值，hPa。

其中 Δp_1、Δp_2 由附录表 5 和表 6 查得。

（2）气压对沸点或沸程温度的校正　沸点或沸程温度随气压的变化值按式（1-4）计算：

$$\Delta t_p=K(1013.25-p) \tag{1-4}$$

式中　Δt_p——沸点或沸程温度随气压的变化值，℃；

K——沸点或沸程温度随气压的变化率，由表 1-3 中查出，℃/hPa；

p——经温度和纬度校正后的气压值，hPa。

表 1-3 沸程温度随气压变化的校正值 单位:℃

标准中规定的沸程温度	气压相差 1hPa 的校正值	标准中规定的沸程温度	气压相差 1hPa 的校正值
10～30	0.026	210～230	0.044
30～50	0.029	230～250	0.047
50～70	0.030	250～270	0.048
70～90	0.032	270～290	0.050
90～110	0.034	260～310	0.052
110～130	0.035	310～330	0.053
130～150	0.038	330～350	0.056
150～170	0.039	350～370	0.057
170～190	0.041	370～390	0.059
190～210	0.043	390～410	0.061

校正后的沸点或沸程温度按式（1-5）计算：

$$t=t_1+\Delta t_1+\Delta t_2+\Delta t_p \quad (1-5)$$

式中 t_1——试样的沸点或沸程温度读数值,℃；

Δt_1——湿度计示值的校正值,℃；

Δt_2——温度计外露段校正值,℃；

Δt_p——沸点或沸程温度随气压的变化值,℃。

（四）读懂检测方案

乙醇的结构简式为 C_2H_5OH，俗称酒精，是一种常见化工原料。其在工业生产中的用途很广，可用来制造醋酸、饮料、香精、染料、燃料等，也是一种常用的溶剂。医疗上用体积分数为 70%～75%的乙醇作消毒剂。乙醇在常温常压下是一种无色透明，易燃易挥发的液体，其沸点 78.4℃，采用微量法测定。以丙三醇为载热体，加热至沸点以上后冷却，读取沸点数值，将所测数值进行纬度及温度、气压校正后即得。

三、测定方案实施

（一）仪器与试剂

提勒管 1 支；温度计（具有适当的量程，分度值 0.1℃）2 支；橡皮圈；沸点管；毛细管（一端开口，内径 1mm)；铁架台；酒精灯 1 个；火柴；带出气槽胶塞 1 个。

甘油或硅油；乙醇。

（二）检测步骤

1. 沸点管的制备

沸点管由外管和内管组成，外管用长 7～8cm、内径 0.5cm 的玻璃管将一端烧熔封口制得，内管用一端封闭的、长 3～4cm、内径 1mm 毛细管。测量时将内管开口向下插入外管中。

2. 沸点的测定

取1～2滴待测样品乙醇滴入沸点管的外管中，将内管插入外管中，然后用小橡皮圈把沸点管附于主温度计旁，再把主温度计的水银球位于b形管两支管中间，然后加热。加热时由于气体膨胀，内管中会有小气泡缓缓逸出，近沸点时用橡皮筋将辅助温度计和主温度计固定在一起，使辅助温度计的水银球位于主温度计外露段水银柱的中部。当温度升到比沸点稍高时，管内会有一连串的小气泡快速逸出（注意：由于毛细管较细，气泡较小，应专心观察实验现象）。这时停止加热，使溶液自行冷却，气泡逸出的速度即渐渐减慢。在最后一气泡停止冒出，液体刚要进入内管时，此时的温度即为该液体的沸点，记录主温度计、辅助温度计读数及胶塞上沿处主温度计刻度值。同时记录室温和大气压力计读数。

按式（1-1）、式（1-3）～式（1-5）对所测数值做气压计读数的校正（温度及纬度校正），气压对沸点温度的校正及温度计外露段的校正，得出准确沸点数值。

四、问题与思考

1. 在测定熔点时，熔点管不能重复使用，沸点管可以重复使用吗？为什么？
2. 如果待测样品取得多或过少对测定结果有何影响？
3. 在测量沸点时，沸点管需要干燥吗？
4. 毛细管法测沸点有何优点？有何适用性？
5. 测沸点时，升温速度快慢对测定结果有何影响？

五、检查与评价

（一）选择题

1. 微量法测沸点中，温度计水银球位置应在（　　）。

   A. b形管底部　　B. b形管两支管中间处　　C. 液面下任意位置

2. 微量法测沸点中，橡皮圈位置应在（　　）。

   A. 液面下　　B. 液面上　　C. 任意位置

3. 微量法测沸点中，毛细管应（　　）。

   A. 不用封口，直接放入内管中　　B. 封口，封闭端向下放入内管中

   C. 封口，封闭端向上放入内管中

4. 微量法测沸点，应记录的沸点温度为（　　）。

   A. 内管中第一个气泡出现时的温度　　B. 内管中有连续气泡出现时的温度

   C. 内管中最后一个气泡不再冒出并要缩回时的温度

5. 在挥发性液体中加入不挥发溶质时（　　）。

   A. 对沸点无影响　　B. 沸点降低　　C. 沸点升高

（二）计算题

测定二甲苯沸点得到以下数据：观测沸点为139.0℃，室温25℃，气压999.92hPa，气压计读数校正值为＋4.06，测量处纬度为30°，纬度校正值为－1.37，沸点温度随气压变化

值为 0.038，辅助温度计读数为 35℃，胶塞处刻度为 109.0℃，温度计示值校正值为 −0.1℃，求二甲苯的沸点值。

任务三 密度的测定

一、 工作任务书

“工业有机产品密度的测定”工作任务书

工作任务	某企业产品甘油、乙醇及丙酮密度的测定
任务分解	1. 学习液体有机化工产品密度的测定； 2. 学习电子天平、密度瓶、韦氏天平及恒温水浴的使用； 3. 学习利用已知物密度求得未知物密度的结果计算
目标要求	**技能目标** 1. 能够规范地使用电子天平进行直接称量及去皮称量； 2. 能够使用恒温水浴； 3. 能够正确使用密度瓶、韦氏天平及密度计； 4. 能够掌握密度的定义，按照给定的方法测定甘油及乙醇的密度，得到需要的数据； 5. 能够根据已知物的密度计算样品的密度； 6. 能够根据样品的性质选择不同的密度测定方法； 7. 能够根据测定结果判断样品的纯度 **知识目标** 1. 理解密度、相对密度的概念； 2. 能说出密度的影响因素及化合物密度和分子结构的关系； 3. 能掌握韦氏天平法、密度瓶法、密度计法测密度的原理； 4. 能通晓不同类型样品密度测定方法的选择； 5. 能掌握密度的校正方法及计算方法
学生角色	企业化验员
成果形式	学生原始数据单、检验报告单、知识和技能学习总结
备注	执行标准 GB/T 4472—2011《化工产品密度相对密度的测定》

二、 工作程序

（一） 查阅相关国家标准

见本项目任务一。

（二） 导入问题

1. 密度瓶法和韦氏天平法各适合于测量何种类型物质的密度？
2. 韦氏天平如何使用？
3. 密度瓶如何使用？
4. 密度瓶法和韦氏天平法各是基于什么原理测定物质的密度？
5. 密度和有机化合物的纯度之间有何关系？
6. 测定密度时为什么要用恒温水浴？为什么要用参比液体？
7. 恒温水浴如何操作使用？

（三）知识与技能的储备

1. 密度和相对密度

密度指在规定温度（t℃）下单位体积所含物质的质量。以 ρ_t 表示，单位为 $g \cdot cm^{-3}$（$g \cdot mL^{-1}$）。在有机物分析中常采用相对密度，即用某一温度下，试样的密度与水在 4℃时的密度之比来表示。由于物质体积随温度的变化而改变，所以物质的密度亦随之改变。因此密度的表示必须注明温度。国家标准规定化学试剂的密度系指在 20℃时单位体积物质的质量，用 ρ 表示。在其他温度时，则必须在 ρ 的右下角注明温度。

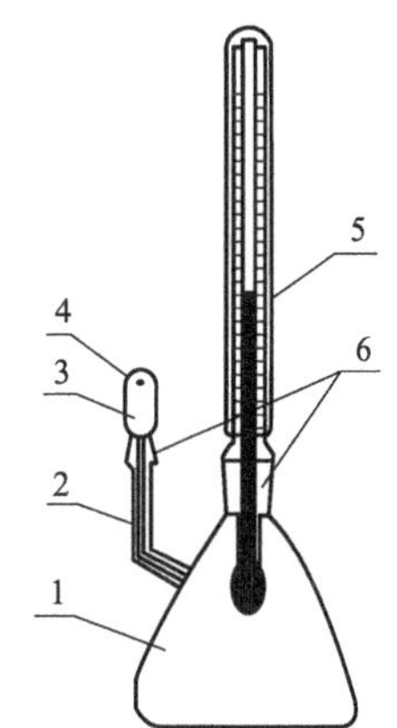

图 1-5　密度瓶

1—密度瓶主体；2—侧管；3—侧孔罩；4—排气孔；5—温度计；6—玻璃磨口接头

2. 密度的测定方法

（1）密度瓶法测定密度　密度瓶因形状和容积不同而有各种规格。常用的规格分别是 50mL、25mL、10mL、5mL、1mL，形状一般为球形。比较标准的是附有特制温度计、带磨口帽的小支管密度瓶，如图 1-5 所示。

20℃时，分别测定充满同一密度瓶的水及试样的质量，由水的质量可确定密度瓶的容积，即为试样的体积，根据试样的质量及体积即可求其密度。

试样密度 ρ 按式（1-6）计算。

$$\rho = m/V$$

所以

$$V = m_{水}/\rho_{水}$$

则

$$\rho_{样} = m_{样}\rho_{水}/m_{水} \tag{1-6}$$

式中　$m_{样}$——20℃时充满密度瓶试样的质量，g；

$m_{水}$——20℃时充满密度瓶蒸馏水的质量，g；

$\rho_{水}$——20℃时蒸馏水的密度，$g \cdot cm^{-3}$（$\rho_{水} = 0.99820 g \cdot cm^{-3}$）。

测量时注意每次装入液体，必须使瓶中充满，不要有气泡留在瓶内；称量需迅速进行，特别是室温过高时，否则液体会从毛细管溢出，而且会有水汽在瓶壁凝结，导致称量不准确。密度瓶法适合于测量不挥发液体的密度。

（2）韦氏天平法测定密度　韦氏天平法测密度的基本依据是阿基米德浮力原理，即当物体全部浸入液体时，物体所减轻的质量，等于物体所排开液体的质量。20℃时，分别测量同一物体（浮锤）在水及试样中的浮力。由于浮锤排开水和试样的体积相同，所以，根据水的密度和浮锤在水及试样中的浮力即可算出试样的密度。

浮锤排开水或试样的体积

$$V = m/\rho$$

即

$$m_{水}/\rho_{水} = m_{样}/\rho_{样}$$

试样的密度

$$\rho_{样} = m_{样}\rho_{水}/m_{水} \tag{1-7}$$

式中　$\rho_{样}$——试样在 20℃时的密度，$g \cdot cm^{-3}$；

$m_{样}$——浮锤浮于试样中时的浮力（骑码）读数，g；

$m_{水}$——浮锤浮于水中时的浮力（骑码）读数，g；

$\rho_水$——20℃蒸馏水的密度，$\rho_水=0.99820g\cdot cm^{-3}$。

韦氏天平如图 1-6 所示。天平横梁 5 用托架支持在刀座 6 上，梁的两臂形状不同而且不等长。长臂上刻有分度，末端有悬挂玻璃浮锤的钩环 7，短臂末端有指针 3，当两臂平衡时，指针 3 应和固定指针 4 对正。旋松支柱紧定螺丝 2，支柱可上下移动。12 是水平调整螺钉，用于调节天平在空气中的平衡。

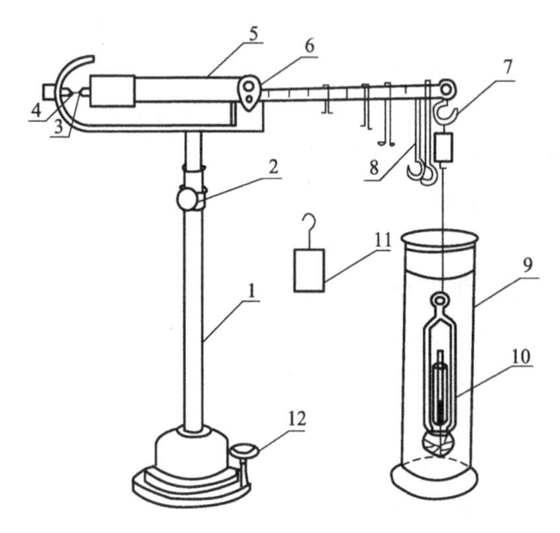

图 1-6 韦氏天平

1—支柱；2—支柱紧定螺丝；3，4—指针；5—横梁；6—刀座；7—钩环；8—骑码；9—玻璃筒；10—浮锤；11—等重砝码；12—水平调节螺丝

每台天平有两组骑码，每组有大小不同的 4 个，与天平配套使用。最大骑码的质量等于玻璃浮锤在 20℃水中所排开水的质量。其他骑码各为最大骑码的 1/10、1/100、1/1000。4 个骑码在各个位置的读数如图 1-7 所示。

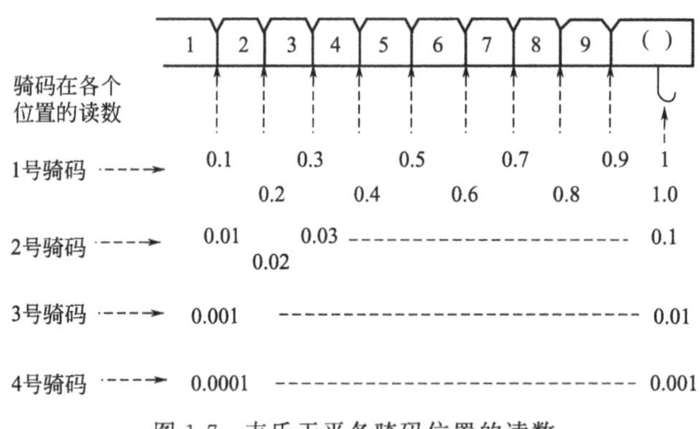

图 1-7 韦氏天平各骑码位置的读数

测定时注意严格控制温度为 (20.0±0.1)℃。挥发性及不挥发性液体密度都可用韦氏天平法测定。

(3) 密度计法测密度 在工业生产中，有时需要快速检测出液体样品的密度，常用密度计来测量。密度计法是测定液体相对密度最便捷而又实用的方法，只是准确度不如密度瓶法。密度计是根据阿基米德原理为依据制作的。当密度计浸入液体中时，受到自下而上的浮力作用，浮力的大小等于密度计排开的液体质量。随着密度计浸入深度的增加，浮力逐渐增大，当浮力等于密度计自身质量时，密度计处于平衡状态。

密度计是一根粗细不均匀的密封玻璃管，头部呈球形或圆锥形，装有少量密度较大的铅丸、汞或其他重金属，中部是胖肚空腔，尾部细长形，附有刻度标记称“计杆”，如图 1-8（a）所示。

使用时将密度计竖直地放入待测的液体中，待密度计平稳后，从待测液体液面和它的刻度相切处读出待测液体的密度，如图 1-8（b）所示。密度计在平衡状态时浸没于液体的深度取决于液体的密度。液体密度愈大，则密度计浸没的深度愈小；反之，液体密度愈小，则密度计浸没的深度愈深。密度计就是依此来标度的。

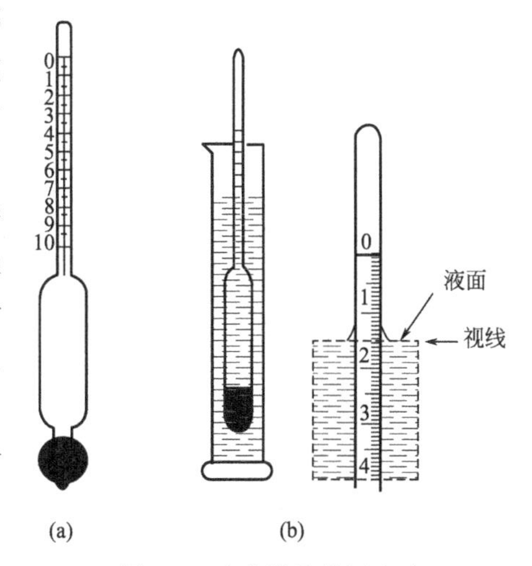

图 1-8 密度计及使用方法

密度计使用时应注意以下几点。

① 密度计在使用前必须全部擦拭干净，擦拭后不要再握最高分度线以下各部分，以免影响读数。

② 测定密度用盛放试样的量筒，其直径至少比所用密度计的外径大 25mm，以免密度计与量筒内壁擦碰，影响准确度。量筒高度应能使密度计漂浮在试样中，密度计底部距量筒底部至少 25mm。

③ 将密度计浸入试样时，不许用手向下推密度计。应轻轻缓放，以防止密度计撞到量筒底部，碰破密度计。

④ 测定透明液体，密度计读数为液体下弯月面与密度计刻度相切的那一点。测定不透明液体，密度计读数为液体上弯月面与密度计刻度相切的那一点。

3. 密度测定在生产中的应用

密度是液体有机化合物的重要物理常数之一。一定体积液体的质量与它分子间的作用力有关。在同一温度下，分子作用力不变，密度也不会改变，所以液态有机化合物都有一定的密度。如果物质中含有杂质，则改变了分子间的作用力，密度也随着改变，根据密度的测定可以确定有机化合物的纯度。所以，密度是液体有机产品质量控制指标之一。在工业生产中，一些化合物的水溶液浓度和密度之间有良好的对应关系，如乙醇、蔗糖等，其对应关系已制成表格，测得密度就可以由专门的表格查出其对应的浓度。在油田开采和储运中，由油品的密度和储罐体积可求出油品的数量及产量。原油密度数值是评价油质的重要指标，所以，密度测定被称为油品分析的关键。

（四）读懂检测方案

对于不挥发性的液体有机化合物，如丙三醇，可采用密度瓶法测量其密度。据定义：$\rho=m/V$。测量出样品的质量与体积，即可得出其密度。样品质量可在电子天平上称量而得；体积则由密度瓶根据已知样品的质量、密度求得。

挥发性样品（如乙醇）的密度则采用韦氏天平法测定。

工业生产中还常用密度计快速测量一些工业原料，如丙酮的密度，将密度计浸入液体样品中，由密度计在被测液体中达到平衡状态时所浸没的深度读出该液体的密度。

三、测定方案实施

（一）仪器与试剂

恒温水浴［温度控制在（20.0±0.1)℃］；电子天平（万分之一）；密度瓶（25mL，附有温度计、带磨口帽的小支管）；韦氏天平；密度计。

工业甘油；工业无水乙醇；工业丙酮；蒸馏水。

（二）检测步骤

1. 密度瓶法测工业丙三醇密度

(1) 调节恒温槽温度为（20.0±0.1)℃。在电子天平上称得洗净、干燥的空密度瓶质量（包括侧孔罩）m_0。

(2) 向密度瓶内装入去离子水，直至完全充满为止。插上带温度计的瓶罩（瓶中应无气泡）置于恒温水浴中恒温 20min，用滤纸吸去支管孔上溢出的水后，立即盖好支管上的小罩，取出密度瓶，迅速擦干瓶外壁上的水后，用分析天平称得质量为 m_1。

(3) 倒出瓶中水，用热风吹干。在密度瓶内装入待测密度的工业丙三醇，置于恒温水浴中恒温 20min 后，称得质量为 m_2。

(4) 倒出瓶中丙三醇，洗净密度瓶，以备后用。

(5) 液体密度按式（1-6）计算。

(6) 注意：若无法恒温至 20℃，则测定所用蒸馏水的温度，从表中查出此温度下纯水的密度，代入式中，求得实际温度下样品的密度。称量应迅速进行，避免因室温过高，样品挥发或有水在外壁凝结而产生称量误差。

2. 韦氏天平法测工业无水乙醇密度

(1) 将韦氏天平安装好，浮锤通过细铂丝挂在小钩上，旋转调整螺丝，使两个指针对准为止。

(2) 向玻璃筒缓慢注入预先煮沸并冷却至约 20℃的蒸馏水，将浮锤全部浸入水中，不得带入气泡，浮锤不得碰触玻璃筒内壁。把玻璃筒置于（20±0.1)℃的恒温水浴中，恒温 20min 以上，待温度一致时，将骑码由大到小、由左到右加到天平的横梁上，使天平横梁平衡，记录读数 $m_{水}$。

(3) 取出浮锤，将玻璃筒和浮锤用乙醇洗净后（约 2～3 次）晾干，在相同温度下，用待测的试样同样操作，记录读数 $m_{样}$。

(4) 密度 $\rho(g \cdot cm^{-3})$ 按式（1-7）计算。

(5) 注意事项：因韦氏天平所配置的游码的质量是由浮锤体积决定的，所以每台天平都有与自己相应配套浮锤和一套游码，切不可用其他的浮锤或游码相互代替。

3. 密度计法测量丙酮密度

(1) 将密度计洗净干燥。

(2) 将丙酮试样小心倾入清洁、干燥的玻璃量筒中（圆筒应较密度计高大些），不得有气泡。将密度计轻轻插入试样中，样品中不得有气泡，密度计不得接触筒壁及筒底，密度计的上端露在液面外的部分所沾液体不得超过 2～3 分度。待密度计停止摆动，从水平位置观察，读取试样弯月面下缘与密度计上相切处刻度读数，即为试样的密度。

（3）注意事项

① 向量筒中注入待测液体时应小心地沿筒壁缓慢注入，切忌冲起气泡。

② 如不知待测液体的密度范围，应先用精度较差的密度计试测。测得近似值后再选择相应量程范围的密度计。

③ 如密度计本身不带温度计，则恒温时需另用温度计测量液体的温度。

④ 放入密度计时应缓慢、轻放，切记勿使密度计碰及量筒底，也不要让密度计因下沉过快，而将上部沾湿太多。

四、问题与思考

1. 固体化合物的密度如何测定？

2. 对测定易挥发的有机液体密度时，应注意那些问题？

3. 测量样品密度时为什么要恒温到 20℃？如果无法恒温到 20℃，该如何处理？

五、检查与评价

（一）选择题

1. 用密度瓶法测密度时，20℃纯水质量为 50.2506g，试样质量为 48.3600g，已知 20℃时纯水密度为 0.9982g・cm^{-3}，该试样密度 ρ(g・cm^{-3}) 为（　　）。

A. 0.9606　　B. 1.0372　　C. 0.9641　　D. 1.0410

2. 密度的法定计量单位是（　　）。

A. kg・m^{-3}　　B. 英磅・m^{-3}　　C. 无单位　　D. g・m^{-3}

3. 密度的计量单位 kg・m^{-3} 与 mg・mL^{-1} 的关系是（　　）。

A. 1∶1　　B. 10∶1　　C. 1∶10　　D. 1000∶1

（二）填空题

用韦氏天平测某液体（20℃）密度时，当 1、2、3、4 号骑码各一个分别置于天平梁的 8、8、3、5 号槽位时，天平处于水平；在纯水中称量时天平读数是 0.7952g，已知 20℃时纯水的密度为 0.9982g・cm^{-3}，则该液体密度为________g・cm^{-3}。

（三）判断题

以韦氏天平测定某液体密度的结果如下：1 号骑码在 9 位槽，2 号骑码在钩环处，4 号骑码在 5 位槽，则此液体的密度为 1.0005。（　　）

（四）简答题

已知分析纯：邻二甲苯 ρ=0.8590～0.8820g・cm^{-3}；对二甲苯 ρ=0.8590～0.8630g・cm^{-3}；氯苯 ρ=1.1050～1.1090g・cm^{-3}，用韦氏天平测定两试样，得如下数据：

1. 鉴定样 1 是邻二甲苯还是对二甲苯？

2. 鉴定样 2 是否为分析纯氯苯？

骑　　码		1	2	3	4
位置	水中	10	0	0	2
	样 1 中	8	6	6	0
	样 2 中	10	0	8	0

任务四　折射率的测定

一、 工作任务书

“乙酸乙酯折射率的测定”工作任务书

工作任务	某企业产品乙酸乙酯折射率的测定
任务分解	1. 学习液体有机化工产品折射率测定的能力； 2. 学习阿贝折射仪的使用； 3. 复习恒温水浴的使用； 4. 学习利用折射率判断化合物纯度及求得样品浓度的结果计算
目标要求	**技能目标** 1. 能够基本规范地使用阿贝折射仪，能够正确读数； 2. 能够使用恒温水浴； 3. 能够按照给定的程序对乙酸乙酯进行测定，得到需要的数据； 4. 能够根据测定结果判断样品的纯度； 5. 能够根据测定结果求得样品的浓度 **知识目标** 1. 能理解折射率的概念及其影响因素； 2. 能掌握全反射的概念； 3. 能说出阿贝折射仪的工作原理； 4. 能知道临界折射角的测定原理； 5. 能了解折射率在有机化合物的定性及定量分析中的作用
学生角色	企业化验员
成果形式	学生原始数据单、检验报告单、知识和技能学习总结
备注	执行标准 GB/T 6488—2008《液体化工产品折光率的测定(20℃)》

二、 工作程序

（一） 查阅相关国家标准

见本项目任务一。

（二） 导入问题

1. 什么是折射率？其数值与哪些因素有关？
2. 阿贝折射仪如何使用？
3. 阿贝折射仪是如何实现临界折射角测量的？

4. 为什么需要用已知折射率的物质校正折射仪？

5. 如何利用折射率进行有机物的定量测定？

6. 作为液体纯度的标志，为什么折射率比沸点更为可靠？

（三）知识与技能的储备

1. 折射率

光在同一均匀透明介质中是按直线传播的。当光线由一种透明介质进入另一种透明介质时，由于速度发生改变就会发生折射现象。

无论光的入射方向怎么变，入射角的正弦值与折射角的正弦值的比值总为一常数，这个常数定义为折射率，用 n 表示。

2. 折射率的影响因素

对一特定介质，其折射率随测定时的温度和入射光的波长不同而改变。随温度的升高，物质的折射率降低，这种降低情况随物质不同而异；折射率还随入射光波长的不同而改变，波长愈长，测得的折射率愈小。所以，通常规定，以 20℃ 为标准温度，以黄色钠光（λ=589.3nm）为标准光源，因此折射率用符号 n_D^{20} 表示。例如水的折射率：$n_D^{20}=1.3330$。

3. 折射率的测量

液体物质或低熔点的固体物质的折射率用阿贝折射仪（图 1-9）测量，操作简便，只需数分钟即可。阿贝折射仪根据临界折射现象设计，通过测量临界折射角而得出物质的折射率。

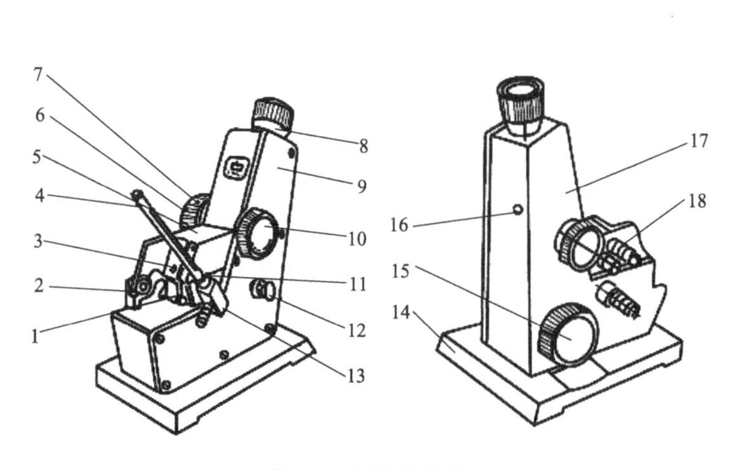

图 1-9　阿贝折射仪

1—反光镜；2—棱镜转轴；3—遮光板；4—温度计；5—辅助棱镜座；6—色散调整手轮；7—色散值度盘；8—目镜；9—盖板；10—棱镜开合旋钮；11—主棱镜座；12—照明刻度盘聚光镜；13—温度计座；14—底座；15—刻度调整手轮；16—示值调节螺钉；17—主轴；18—恒温水出入口

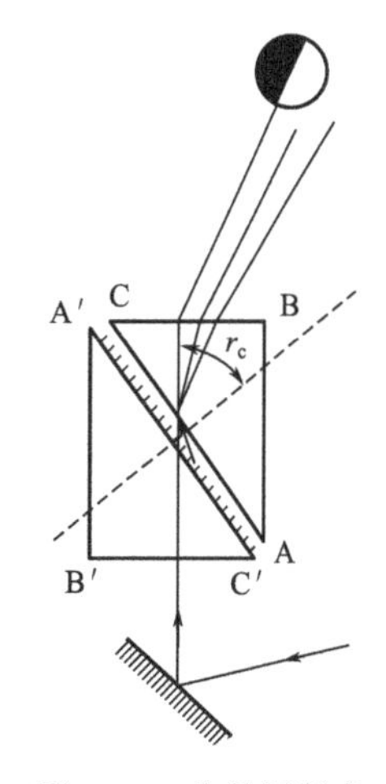

图 1-10　临界折射角测量原理

(1) 临界折射角的测量原理　将被测液置于折射率为 N 的测量棱镜的镜面上，光线由被测液射入棱镜时，入射角为 i，折射角为 r，根据折射定律有：

$$\sin i/\sin r=N/n$$

入射角 $i=90°$，其折射角为临界折射角 r_c，代入上式得：

$$1/\sin r_c = N/n \quad n = N\sin r_c \tag{1-8}$$

棱镜的折射率 N 为已知值，则通过测量临界折射角 r_c，即可求出被测物质的折射率 n。

(2) 临界折射角（折射率）的测量方法　临界折射角由两块直角棱镜组成的棱镜组测定。如图 1-10 所示，上面是主棱镜 ABC，下面一块是可以启闭的辅助棱镜 A′B′C′，且 A′C′为磨砂面。当两块棱镜相互压紧时，放入其间的液体被压成一层薄膜。入射光由辅助棱镜射入，当达到 A′C′面上时，发生漫射，漫射光线透过液层而从各个方向进入主棱镜并产生折射，而其折射角都落在临界角 r_c 之内。由于大于临界角的光被反射，不可能进入主棱镜，所以在主棱镜上面望远镜的目镜视野中出现明暗两个区域。转动棱镜组转轮手轮，调节棱镜组的角度，直至视野里明暗分界线与十字线的交叉点重合为止，如图 1-11(c) 所示。

(a) 折射仪未得到正确调节

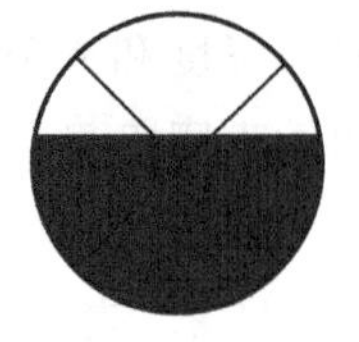
(b) 折射仪未得到正确调节

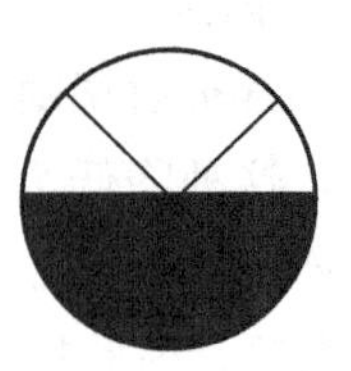
(c) 折射仪已调节正确

图 1-11　折射仪调节示意图

由于刻度盘与棱镜组是同轴的，因此与试样折射率相对应的临界角位置，通过刻度盘反映出来，刻度盘读数已将此角度换算为被测液体对应的折射率数值，由读数目镜中直接读出。

阿贝折射仪光源是日光，因为日光是由不同波长的光组合而成，在通过棱镜时，由于其折射率不同，会产生色散。因此在测量棱镜下面设计了一套消色散棱镜，旋转消色散手轮，消除色散，使明暗分界线清晰，所得数值即相当于使用钠光 D 线的折射率。

阿贝折射仪的两棱镜，嵌在保温套中并附有温度计（分度值为 0.1℃）测定时必须使用超级恒温槽通入恒温水，使温度变化的幅度<±0.1℃，最好恒温在 20℃时进行测定。

在阿贝折射仪的望远目镜的金属筒上，有一个供校准仪器用的示值调节螺钉，通常用纯水或标准物质校准。校正时将刻度值置于折射率的正确值上（如 $n_D^{20}=1.3330$），此时清晰的明暗分界线应与十字线的交叉点重合，若有偏差，可调节示值调节螺钉，直至明暗分界线恰好移至十字线的交点上。表 1-4 列出了水在不同温度下的 n_D^t 值。

表 1-4　水在不同温度下的 n_D^t 值

温度/℃	n_D^t	温度/℃	n_D^t	温度/℃	n_D^t
10	1.33371	17	1.33324	24	1.33263
11	1.33363	18	1.33316	25	1.33253
12	1.33359	19	1.33307	26	1.33242
13	1.33353	20	1.33299	27	1.33231
14	1.33346	21	1.33290	28	1.33220
15	1.33339	22	1.33281	29	1.33208
16	1.33332	23	1.33272	30	1.33196

4. 折射率在工业生产上的应用

（1）确定化合物的纯度　将实验测得的折射率与文献所记载的纯物质的折射率作对比，可用来衡量试样纯度。试样的实测折射率愈接近文献值，纯度就愈高。

（2）测定溶液的浓度　一些物质溶液的折射率随其浓度而变化。溶液浓度愈高，折射率愈大。可以借测定溶液的折射率，根据溶液浓度与折射率之间的关系，求出溶液的浓度，此法快速而简便，因此常用于工业生产中的中间反应控制、药房中的快速检验等。

溶液浓度的测定有以下两种方法。

① 直接测定法　主要用于糖溶液的测定。用 WZS-1 型阿贝折射仪可直接读出被测糖液的浓度。在制糖工业生产中，将光影式工业折射仪直接装在制糖罐上，就能连续测定罐内糖液的浓度。目前市售的测糖仪其原理和阿贝折射仪相同。

② 工作曲线法　测定一系列已知浓度某溶液的折射率，将所得的折射率与相应的浓度作图，绘制折射率-浓度曲线（可为一直线，有时是曲线）。测出待测液的折射率后，从曲线上查出相应的浓度。

（四）读懂检测方案

乙酸乙酯和丙酮等化工原料的折射率采用阿贝折射仪测定。阿贝折射仪依据临界折射现象，通过测定临界折射角而测定物质的折射率。

临界折射角由两块直角棱镜组成的棱镜组测定，上面一块是光滑的，下面一块的表面是磨砂的。当两棱镜平面叠合时，放入平面间的待测液体形成一均匀的液膜。当光线由反光镜入射磨砂棱镜时，光产生漫射，以 0～90℃不同入射角进入液体层再进入光滑棱镜。由于棱镜的折射率很高（约 1.85），大于液体折射率，因此，折射角 β 小于入射角 α。此时，在临界角以内区域均有光线通过，是明亮的，而临界角以外区域由于折射光线消失，没有光线通过是暗的，形成半明半暗界线清晰的像，经消色散镜和会聚透镜后达到目镜。液体介质不同，临界角不同，从目镜中观察到的明暗界线的位置也不同。每次测定时，调节转动手轮，使目镜中的明暗界线与“×”交叉线交点重合，从目镜中即可读得折射率（折射仪中已将折射角换算为折射率）。

三、测定方案实施

（一）仪器与试剂

阿贝折射仪；超级恒温槽；滴瓶；乳胶管；擦镜纸。

工业乙酸乙酯；工业丙酮；蒸馏水。

（二）检测步骤

1. 安装仪器

开启超级恒温槽，调节水浴温度为（20±0.1）℃，然后用乳胶管将超级恒温槽与阿贝折射仪的进出水口连接。

2. 清洗与校正仪器

打开辅助棱镜，滴 2～3 滴乙醇与乙醚体积比为 1∶4 的混合液，合上棱镜，片刻后打开棱镜，用擦镜纸轻轻将液体吸干，再改用蒸馏水重复上述操作2次。然后滴2～3滴蒸馏水于镜面上，合上棱镜，转动左侧刻度盘，使读数镜内标尺读数置于蒸馏水在此温度下的折射率（n_D^{20}=1.3330）。调节反射镜，使测量望远镜中的视场最亮，调节测量镜，使视场最清晰。转动消色散手柄，消除色散。观察望远镜中明暗分界线是否在十字交叉线的中间，若有偏差，调节示值调节器内的校正螺丝，使明暗交界线和视场中的×线中心对齐，不允许再随意动此螺丝。

3. 测定溶液的折射率

打开棱镜，用乙酸乙酯清洗镜面2次。干燥后滴加2～3滴该溶液，闭合棱镜。转动刻度盘，直至在测量望远镜中观测到的视场出现半明半暗视野。转动消色散手柄，使视场内呈现一个清晰的明暗分线，消除色散。再次小心转动刻度盘使明暗分界线正好处在×线交点上，从读数镜中读出折射率值。重复测定2次，读数差值不能超过±0.0002。同样操作测定丙酮折射率。

4. 结束工作

测定结束后，用乙醇将镜面清洗干净，并用擦镜纸吸干。拆下连接恒温槽的胶管和温度计，排尽金属套中的水，将阿贝折射仪擦拭干净，装入盒中。

5. 折射仪的维护与保养

（1）折射仪应放置于干燥、空气流通的室内，防止受潮。

（2）当测试腐蚀性液体时应及时做好清洗工作，防止侵蚀损坏。仪器使用完毕必须做好清洁工作，放入木箱内，木箱内应有干燥剂（变色硅胶）以吸收潮气。

（3）被测试样中不应有硬性杂质，当测试固体试样时，应防止把折射棱镜表面拉毛或产生压痕。

（4）经常保持仪器清洁，严禁油手或汗手触及光学零件，若光学零件表面有灰尘，可用高级麂皮或长纤维的脱脂棉轻擦后用吹风机吹去。如光学零件表面沾上了油垢，应及时用乙醇乙醚混合液擦干净。

四、问题与思考

1. 如果在测量折射率时，没有通入恒温水浴，对测定结果有何影响？
2. 使用阿贝折射仪应注意什么？
3. 如果要求测定试样的n_D^{15}，应如何校正仪器？

五、检查与评价

（一）选择题

1. 测定液体折射率时，在目镜中应调节观察到下列哪种图时才能读数。（　　）

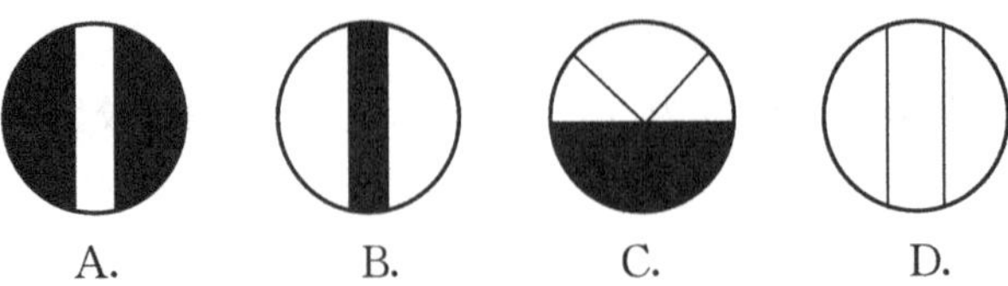

2. 用阿贝折射仪测定某溶液20℃时折射率，如下图所示，则其折射率为（　　）。

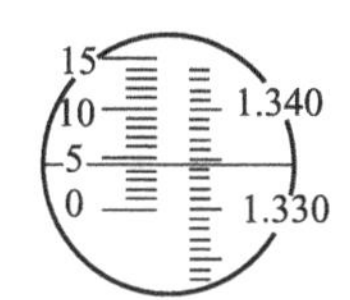

A. 4.5000　　B. 1.3345　　C. 1.3395　　D. 1.3455

(二) 判断题

1. 沸点和折射率是检验液体有机化合物纯度的标志之一。(　　)
2. 使用阿贝折射仪测定液体折射率时，必须使用超级恒温槽，通入恒温水。(　　)

任务五　旋光度的测定

一、工作任务书

"工业有机产品旋光度的测定"工作任务书

工作任务	某企业产品葡萄糖旋光度的测定
任务分解	1. 学习液体有机化工产品旋光度的测定； 2. 学习圆盘旋光仪及自动旋光仪的使用； 3. 复习恒温水浴的使用； 4. 学习利用旋光度判断化合物纯度及求得样品浓度的结果计算
目标要求	**技能目标** 1. 能够基本规范地使用旋光仪，能够正确读数； 2. 能够正确使用恒温水浴； 3. 能够按照给定的程序对葡萄糖进行测定，得到需要的数据； 4. 能够根据测定结果判断样品的纯度； 5. 能够根据测定结果求得样品的浓度； 6. 能够列举三种以上葡萄糖含量的测定方法 **知识目标** 1. 能理解旋光度、比旋光度的概念； 2. 能说出旋光度和有机化合物分子结构的关系，旋光度和物质纯度的关系； 3. 熟知影响旋光度的因素； 4. 能掌握旋光度的测定原理、方法及其在有机化合物定性及定量分析中的作用； 5. 能了解费林试剂氧化法、次碘酸钠氧化法、铁氰化钾氧化法测还原糖的原理和方法
学生角色	企业化验员
成果形式	学生原始数据单、检验报告单、知识和技能学习总结
备注	执行标准 GB/T 613—2007《化学试剂比旋光本领(比旋光度)测定通用方法》 《中华人民共和国药典》2010 版

二、工作程序

(一) 查阅相关国家标准

见本项目任务一。

(二) 导入问题

1. 葡萄糖的含量测定方法有哪些？

2. 什么是横波？什么是偏振光？何为左旋、右旋？

3. 什么是旋光度？什么是比旋光度？其数值与哪些因素有关？

4. 旋光仪中半荫片的作用是什么？

5. 旋光仪如何使用？

6. 旋光度的测定具有什么实际意义？

7. 圆盘旋光仪如何读数？

8. 如何判断物质是左旋还是右旋？

9. 为什么在样品测定前要检查旋光仪的零点？通常用来作零点检查液的溶剂应符合哪些条件？

（三）知识与技能的储备

1. 糖类的测定方法

糖类是自然界常见的一大类化合物，也是人体内热能的主要供给者。糖类包括单糖、双糖及多糖，单糖类以D-葡萄糖和D-果糖最常见。双糖类有蔗糖、麦芽糖及乳糖等。多糖类有淀粉、纤维素等。大多数双糖、多糖均可用酸水解或酶水解生成单糖。所以，单糖的测定方法就成为许多糖类的定量基础。

单糖的测定方法可以分为两类。

第一类根据溶液的物理性质的改变来测定溶液中被测物的含量，如旋光分析法、折射分析法、密度法等。

第二类利用还原性测定糖类化合物的含量。所有的单糖和大部分双糖（例如乳糖、麦芽糖等），由于分子中有醛基或酮基，因此，都具有还原性，被称为还原糖，双糖中的蔗糖和所有的多糖无游离的羰基，不具有还原性。但是，蔗糖在一定条件下水解后生成1分子葡萄糖和1分子果糖的混合物，在生产实际中被称为转化糖，也具有还原性。它们能和氧化剂发生反应，根据所用氧化剂的不同，常用测定方法有：费林试剂氧化法、铁氰化钾氧化法和次碘酸钠氧化法。费林试剂和铁氰化钾二者的氧化能力较强，对醛糖、酮糖的测定都适用。测得的糖为总还原糖。次碘酸钠氧化法只适用于测定醛糖，不适用于测定酮糖。

本节主要讨论利用糖类的旋光性进行含量测定的方法。

2. 旋光度测定

（1）偏振光　光的振动方向与传播方向垂直，属于横波。自然光的光波在垂直其前进方向的各个方向的平面内振动，当它通过尼科尔棱镜时，透过棱镜的光线只限于在一个平面内振动，这种光称为偏振光（或平面偏振光）。如图1-12所示。偏振光的振动平面叫偏振面。使自然光变成偏振光的装置称为偏振器。

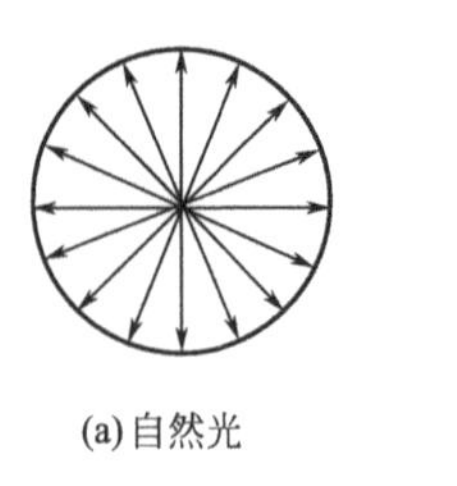
(a) 自然光

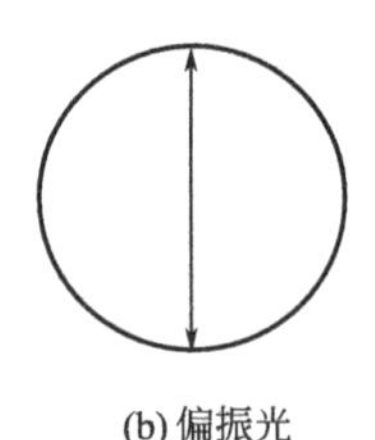
(b) 偏振光

图1-12　自然光与偏振光对比

(2) 旋光现象与旋光度　当有机化合物分子中具有手性结构时，就能使偏振光的振动平面旋转一定角度，即出现旋光现象，能使偏振光偏振面向右（顺时针方向）旋转叫做右旋，以（+）号或R表示；能使偏振光偏振面向左（逆时针方向）旋转叫做左旋，以（−）号或L表示。

当偏振光通过旋光性物质的溶液时，偏振面所旋转的角度称作该物质的旋光度。旋光度的大小主要决定于旋光性物质的分子结构特征，亦与旋光性物质溶液的浓度、液层的厚度、入射偏振光的波长、测定时的温度等因素有关。同一旋光性物质，在不同的溶剂中，有不同的旋光度和旋光方向。

以钠光线为光源（以D代表钠光源），在温度为20℃时，偏振光透过1dm（10cm）长、每毫升含1g旋光物质的溶液时的旋光度，叫做比旋光度，用符号 $[\alpha]_D^{20}$ 表示。它与上述各种因素的关系为：

纯液体的比旋光度　$$[\alpha]_D^{20}=\alpha/l\rho \quad (1\text{-}9)$$

溶液的比旋光度　$$[\alpha]_D^{20}=100\alpha/lc \quad (1\text{-}10)$$

式中　α——测得的旋光度，(°)；

ρ——液体在20℃时的密度，$g \cdot cm^{-3}$；

c——100mL溶液中含旋光性物质的质量，g；

l——旋光管的长度（即液层厚度），dm；

20——测定时的温度，℃；

测得旋光性物质的旋光度后，可以根据式（1-9）或式（1-10）计算比旋光度。也可测定旋光性物质的纯度或溶液的浓度。

比旋光度受溶液的浓度、pH、温度等影响，在配制试样溶液和测定时，应在文献或手册规定的条件下进行。此外，还应该注意变旋光的现象，如葡萄糖。在测定这类试样的比旋光度时，应该将溶液先配好，隔一定时间待变旋达到平衡后再测量，方能测得稳定可靠的比旋光度数值。

(3) 旋光度的测定　旋光度利用旋光仪进行测定。常用的旋光仪有圆盘旋光仪和自动旋光仪。

旋光仪是由可以在同一轴转动的两个尼科尔棱镜组成的，当两个尼科尔棱镜正交时，作为检偏镜的尼科尔棱镜没有光通过，视场完全黑暗。当有旋光性物质的溶液置于两尼科尔棱镜之间，由于旋光作用，视场变亮。于是旋转检偏镜再次找到全暗的视场，检偏镜旋转的角度，就是偏振光的偏振面被溶液所旋转的角度，即溶液的旋光度。以上旋光仪零点和试液旋光度的测量，都以视野呈现“全暗”为标准，但人的视觉受环境光线的影响，很难判定两个完全相同的“全暗”状态。为提高测量的准确度，旋光仪都采用“半荫”原理。

半荫片是一个由石英和玻璃构成的圆形透明片，呈现三分视场，如图1-13所示。半荫片放在起偏镜后面，当偏振光通过半荫片时，由于石英的旋光性，把偏振光的振动面旋转成一定角度。因此，通过半荫片的偏振光就变成振动方向不同的两部分。这两部分偏振光到达检偏镜时，通过调节检偏镜的位置，可使三分视场呈现左、右最暗及中间稍亮的情况。如图1-14(a) 所示。若把检偏镜调节到使中间的偏振光不能通过，而左、右可以透过部分偏振光，在三分视场就应呈现中间最暗，左、右稍亮的情况，如图1-14(b) 所示。显然，调节检偏镜必然存在使偏振光同样程度通过半荫片的位置，即在三分视场中看到视场亮度均匀一致，左、中、右分界线消失的情况，如图 1-14 中（c）、（d）所示，此时有两种状态，即视野全亮和视野全暗，以全暗状态作为旋光仪的零点。因此，利用半荫片，通过比较三分视场中间与左、右的明暗程度相同，作为测量的标准比判断整个视野“全暗”的情况要准确得多。

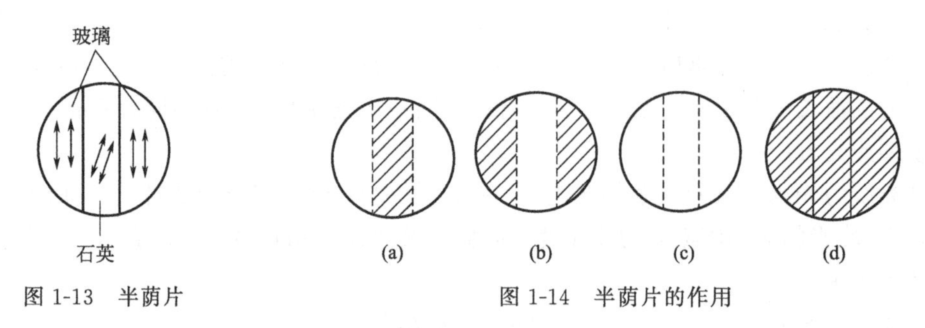

图 1-13　半荫片

图 1-14　半荫片的作用

国产 WXG-4 型旋光仪外形图如图 1-15 所示，其光路图如图 1-16 所示。

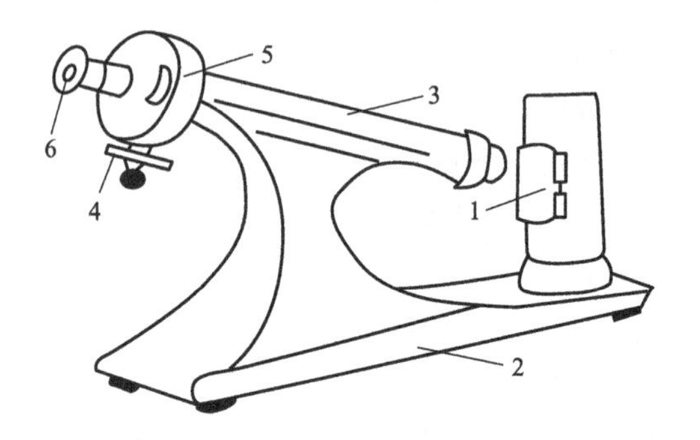

图 1-15　WXG-4 型旋光仪

1—钠光源；2—底座；3—旋光测定管；4—测量手轮；5—读数度盘；6—目镜

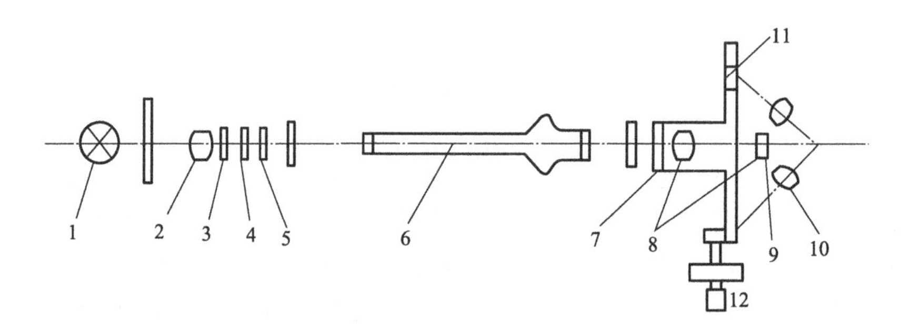

图 1-16　WXG-4 型旋光仪光路示意

1—钠光源；2—聚光镜；3—滤色镜；4—起偏器；5—半荫片；6—旋光测定管；7—检偏器；8—物镜、目镜组；9—聚焦手轮；10—放大镜；11—读数刻度盘；12—测量手轮

由光源 1 发出的黄色钠光，经聚光镜 2、滤色镜 3、起偏器 4 变为单色偏振光，再经半荫片 5 呈现三分视场。当通过装有旋光物质溶液的旋光测定管 6 时，偏振光的偏振面旋转，光线经检偏镜 7 及物镜、目镜组 8，通过聚焦手轮 9 可清晰地看到三分视场。通过转动测量手轮 12 使三分视场明暗程度一致。此时就可从放大镜 10 读出刻度盘 11 和游标尺所示的旋光度。

旋光管（试样管）的组成部件如图 1-17 所示。管身材料为玻璃，其长度除 1dm、2dm

等常用规格外，还有数种专用旋光管，可由测得的旋光度直接得出被测溶液的浓度。

旋光管的两端有中央开孔的螺旋盖，使用时先将盖玻璃片盖在管口，垫上橡皮圈，再旋上螺旋盖，由另一端装入试样，按上述方法旋上螺旋盖。在旋光管的一端附近有一鼓包，若装入溶液后管的顶端有空气泡，应该将管向上倾斜并轻轻叩拍，把空气泡赶入鼓包内，否则光线通过空气泡会影响测定结果。

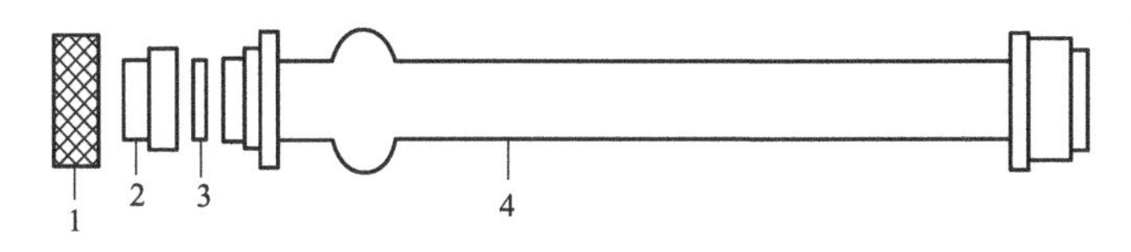

图 1-17　旋光管

1—螺旋盖；2—橡皮垫圈；3—盖玻璃片；4—旋光管

(4) 旋光度在工业生产中的应用　因为旋光度和溶液的浓度有一定的定量关系，利用测得的旋光度数值可以求得旋光性物质在溶液中的含量，即测定旋光性物质的纯度或溶液的浓度。比旋光度可用来度量物质的旋光能力，是旋光性物质在一定条件下的物理特性常数。测定比旋光度，可以鉴定旋光性有机化合物。表 1-5 列出了一些物质的比旋光度。

表 1-5　几种旋光性物质的比旋光度

旋光性物质	浓度 $c/[g\cdot(100mL)^{-1}]$	溶　剂	比旋光度$[\alpha]_D^{20}$
蔗糖	26	水	+66.53°(26%,水)
葡萄糖	3.9	水	+52.7°(3.9%,水)
果糖	4	水	−92.4°(4%,水)
乳糖	4	水	+55.3°(4%,水)
麦芽糖	4	水	+130.4°(4%,水)
樟脑	1	乙醇	+41.4°(1%,乙醇)

【例 1-1】 称取一纯糖试样 10.00g，用水溶解后，稀释为 50.00mL。20℃时，用 1dm 旋光管，以黄色钠光测得旋光度为+13.3°，求其 $[\alpha]_D^{20}$，并判断此糖是何种糖。

解　$[\alpha]_D^{20}=50.00\times(+13.3)°/(1.00\times10.0)=+66.5°$

将测得值与文献值对照，得出此糖为蔗糖。

【例 1-2】 称取蔗糖试样 5.000g，用水溶解后，稀释为 50.00ml，20℃时，用 2dm 旋光管，黄色钠光测得旋光度为+12.0°，求蔗糖试样的纯度。

解　(1) 求试样溶液中蔗糖的浓度 c

$$c=100\alpha/l[\alpha]_D^{20}=(100\times12.0)/(2.00\times66.53)g\cdot100mL^{-1}=9.02g\cdot100mL^{-1}$$

(2) 求蔗糖的纯度

$$蔗糖纯度=(9.02\times50.0)/(5.00\times100)\times100\%=90.2\%$$

(四) 读懂检测方案

葡萄糖又称为玉米葡糖、玉蜀黍糖，是自然界分布最广且最为重要的一种单糖，它是一种多羟基醛。纯净的葡萄糖为无色晶体，有甜味但不如蔗糖甜，易溶于水，微溶于乙醇，不溶于乙醚。葡萄糖在生物学领域具有重要地位，是活细胞的能量来源和新陈代谢中间产物，即生物的主要供能物质，植物可通过光合作用产生葡萄糖，在糖果制造业和医药领域有着广泛应用。葡萄糖分子中含有手性碳原子，因此具有一定的旋光性。其水溶液旋光向右，故亦称“右旋糖”。将葡萄糖配制成一定浓度的溶液，用旋光仪测量溶液的旋光度，由于溶液的旋光度和其浓度等有一定的定量关系，见式(1-10)。利用其旋光性质可进行葡萄糖含量的计算。葡萄糖具有变旋光特性，溶液配制时必须加入浓氨水，以使其旋光度快速稳定。

三、测定方案实施

（一）仪器与试剂

WXG-4 小型旋光仪；容量瓶（100mL）；烧杯（150mL）；恒温水浴，恒温（20±0.5)℃。

氨水（浓）；葡萄糖。

（二）检测步骤

1. 旋光仪零点校正

接通旋光仪电源，开启开关，预热 5min，使钠光灯发光正常，才可工作。用干净的旋光管装满恒温至（20±0.5)℃的蒸馏水，装上橡皮圈，旋紧螺帽，直至不漏水为止（把旋光管内的气泡排至旋光管的凸出部分）。将旋光管擦干，放入旋光仪镜筒内，罩上盖子，将标尺盘调至零点左右，旋转微动手轮，使刻度盘在零点附近以顺时针或逆时针方向转动至三分视场亮度一致，记下刻度盘读数 α_0，读准至 0.05。刻度盘以顺时针方向转动为右旋，记为“+”；刻度盘以逆时针方向转动为左旋，记为“-”；数值等于 180 减去刻度盘读数。重复操作至少三次，取平均值。如果零点相差较大，应重新校正仪器。

2. 旋光度的测定

准确称取 5g 葡萄糖于烧杯中，加 50mL 蒸馏水和 0.2mL 浓氨水溶解，放置 30min 后，定容于 100mL 容量瓶中，于（20±0.5)℃恒温 20min。

用试液润洗旋光管 2～3 遍，注满试液，使管口液面呈凸面。将护片玻璃沿管口边缘平推盖好（以免管内留存气泡），装上橡皮填圈，拧紧螺帽至不漏水（太紧会使玻片产生应力，影响测量）。用软布擦净旋光管，（如有气泡，应赶至管颈突出处），将旋光管放入镜筒内，转动刻度转动手轮，使刻度以顺时针方向转动至三分视场亮度一致（因为葡萄糖为右旋物质），读取刻度盘读数，重复三次，记下读数 α_1，取平均值。试样的旋光度 $\alpha=\alpha_1-\alpha_0$。按式(1-10) 计算试样的纯度。

（三）注意事项

（1）使用旋光管时应防止玻片丢失；

（2）装溶液后不能带入气泡，旋螺帽不能过紧；

（3）使用后应将旋光管洗干净放入旋光管盒内晾干；

（4）注意零点的正负值（可能是正值，也可能是负值）。

四、问题与思考

（1）浓度为 10% 的某旋光性物质，用 1dm 长的样品管测定旋光度，如果读数为 -6°，那么如何确定其旋光度是$-6°$还是$+354°$?

(2) 使用旋光仪有哪些注意事项?

(3) 圆盘旋光仪为何要采用双游标读数?

五、 检查与评价

(一) 选择题

1. 测定某右旋物质，用蒸馏水校正零点为$-0.55°$，该物质溶液在旋光仪上读数为6.24°，则其旋光度为（　　）。

A. $-6.79°$　　B. $-5.69°$　　C. 6.79°　　D. 5.69°

2. 还原糖是指具有还原性的糖类。其糖分子中含有游离的（　　）和游离的酮基。

A. 醛基　　B. 氨基　　C. 羧基

3. （　　）是还原糖。

A. 纤维素　　B. 淀粉　　C. 葡萄糖

4. （　　）是还原糖测定的重要试剂。

A. 盐酸　　B. 淀粉　　C. 碱性酒石酸铜甲液

5. 以（　　）作为指示剂测定食品中还原糖的含量，到达反应终点时，溶液的颜色变化是溶液由蓝色到蓝色消失时即为滴定终点。

A. 甲基红　　B. 亚甲基蓝　　C. 酚酞

6. 在测定旋光度时，当旋光仪的三分视场出现（　　）时，才可读数。

A. 中间暗两边亮　　B. 中间亮两边暗

C. 亮度一致　　D. 模糊

7. 比旋光度是指（　　）。

A. 在一定条件下，偏振光透过长1dm，含$1g \cdot mL^{-1}$旋光物质的溶液时的旋光度

B. 在一定条件下，偏振光透过长1cm，含$1g \cdot mL^{-1}$旋光物质的溶液时的旋光度

C. 在一定条件下，偏振光透过长1dm，含1%旋光物质的溶液时的旋光度

D. 在一定条件下，偏振光透过长1mm，含$1g \cdot mL^{-1}$旋光物质的溶液时的旋光度

E. 在一定条件下，偏振光透过长1dm，含$1g \cdot mL^{-1}$旋光物质的溶液时的旋光度

(二) 计算题

1. 将1g某有机样品溶解在50.00mL水中，将此溶液放在20cm长旋光管中，于20℃测定其旋光度，测得读数为$+2.676°$，在同样条件下，测得蒸馏水的读数为$+0.016°$，计算此有机化合物的比旋光度。

2. 一种天然提取的旋光性植物碱，其相对分子质量为365，配成$0.200mol \cdot L^{-1}$氯仿溶液盛于2dm的旋光管中，20℃时用黄钠光测得旋光度为$+8.17°$，计算该化合物的比旋光度$[\alpha]_D^{20}$。

3. 已知葡萄糖的纯度为95.0%，如果此试样可以使偏振光振动面偏转$+11.5°$，则应称取多少克葡萄糖配成100.0mL溶液？已知$l=2dm$。

任务六 水分的测定

一、工作任务书

"测定工业无水乙醇中水分的含量"工作任务书

工作任务	某企业进厂无水乙醇中水分的含量测定
任务分解	1. 学习卡尔·费休微量水分测定仪的使用； 2. 学习卡尔·费休试剂水当量的标定方法； 3. 学习卡尔·费休法滴定终点的判断； 4. 学习利用水当量求得样品中水分含量的结果计算
目标要求	**技能目标** 1. 能够使用电子分析天平； 2. 能够正确使用微量水分测定仪； 3. 能够进行直接法称量少量样品； 4. 会利用自身指示剂或永停终点法判断滴定终点； 5. 能够按照给定的程序对工业无水乙醇中的水分含量进行测定，得到需要的数据； 6. 能够进行水当量的计算及水分含量检测结果计算； 7. 能够知道其他水分测定方法 **知识目标** 1. 能知道卡尔·费休试剂的配制方法及使用注意事项； 2. 能理解卡尔·费休法测量有机样品中微量水分的原理和方法； 3. 能计算有机化合物中微量水分含量； 4. 能知道有机化合物中水分含量测定的常用方法
学生角色	企业化验员
成果形式	学生原始数据单、检验报告单、知识和技能学习总结
备注	执行标准 GB/T 6283—2008《化工产品中水分含量的测定　卡尔·费休法(通用方法)》参考标准 GB/T 6284—2006《化工产品中水分测定的通用方法　干燥减量法)》GB/T 2366—2008《化工产品中水含量的测定　气相色谱法)》

二、工作程序

（一）查阅相关国家标准

见本项目任务一。

（二）导入问题

1. 自动水分滴定仪如何使用？
2. 如何称量微量液体样品？
3. 标定卡尔·费休试剂的方法有哪些？它们各有哪些优缺点？
4. 终点的确定方法有几种？
5. 配制保存卡尔·费休试剂要注意哪些问题？

（三）知识与技能的储备

1. 有机化合物中常用水分测定方法

有机分析中时常需要测定水。因为水的存在既能影响有机物的性质，又能影响某些有机反应的进行，所以常把水分含量作为有机物质量控制指标之一。在生产中水分是重要的分析项目之一。原料、半成品和成品的水分含量大多是重要的技术经济指标或是重要的技术操作指标。在生产过程中需根据所测得的水分等参数来调节和控制生产工艺，使整个生产过程的工艺指标经常保持在最佳状况。

测定有机物中的水分，应根据试样的性质及含水量的多少，选择适用的方法。常用方法有干燥法、蒸馏法、卡尔·费休法和气相色谱法。

在以上各种方法中，以卡尔·费休法和气相色谱法操作迅速方便，精确度高。本节只介绍卡尔·费休法。

2. 卡尔·费休法

卡尔·费休法于1935年由Karl Fisher提出，经各国学者进一步研究和改进已成为国际上通用的水分测定法之一，具有操作简单、专属性强、准确性好等优点，广泛用于医药、石油、化工、农药、染料、粮食等领域的大多数物质中微量水分的测定。

(1) 基本原理　卡尔·费休法属于非水滴定中的氧化还原滴定法，所用的标准溶液叫做卡尔·费休试剂。卡尔·费休试剂由碘、二氧化硫、吡啶和甲醇按一定比例组成。当有水存在时，碘将二氧化硫氧化成三氧化硫。

$$I_2 + SO_2 + H_2O \rightleftharpoons 2HI + SO_3$$

上述反应是可逆的，为了使反应向右进行完全，用碱性物质吡啶将生成的酸HI和SO_3吸收，形成氢碘酸吡啶及硫酸酐吡啶。

$$H_2O + I_2 + SO_2 + 3C_5H_5N \longrightarrow 2C_5H_5N \cdot HI + C_5H_5NOSO_2$$

但硫酸酐吡啶不稳定，加入无水甲醇，使之转变成稳定的甲基硫酸氢吡啶。

$$C_5H_5NOSO_2 + CH_3OH \longrightarrow [C_5H_5NH]SO_4CH_3$$

滴定的总反应式为：

$$H_2O + I_2 + SO_2 + CH_3OH + 3C_5H_5N \longrightarrow [C_5H_5NH]SO_4CH_3 + 2C_5H_5N \cdot HI$$

由上式可看出，水和其他几种物质之间存在定量反应关系。吡啶和甲醇不仅参与反应，是反应产物的组成成分，而且还起到溶剂的作用。

(2) 终点指示方法　用卡尔·费休法测样品中水分时，确定终点的方法通常的以下两种。

① 自身指示剂　由于反应的生成物氢碘酸吡啶及甲基硫酸氢吡啶均为淡黄色的物质，在滴定过程中，溶液由淡黄色突变为黄棕色（由于微过量的碘），即为终点。在密闭的容器中，可得到稳定的终点颜色。这种确定终点的方法适用于含水量大于1%的试样。如测定试样中的微量水或测定深色试样时，常用永停终点法确定，以减小误差。

② 永停终点法　永停终点法（亦称永停法）是根据半电池反应。

$$I_2 + 2e \longrightarrow 2I^-$$

将两个铂电极插入滴定溶液中，在两电极间加一小电压10～15mV。在滴定过程中，卡尔·费休试剂与试样中的水分发生反应，溶液中只有I^-而无I_2存在，则溶液中无电流通过。当卡尔·费休试剂稍过量时，溶液中同时存在I_2及I^-，电极上发生电解反应。

$$\text{阳极}\quad 2I^- - 2e \longrightarrow I_2$$

$$\text{阴极}\quad I_2 + 2e \longrightarrow 2I^-$$

有电流通过两电极，电流计指针突然偏转至一最大值并稳定1min以上，此时即为终点。永停法确定终点，比较灵敏，准确。其装置如图1-18所示。

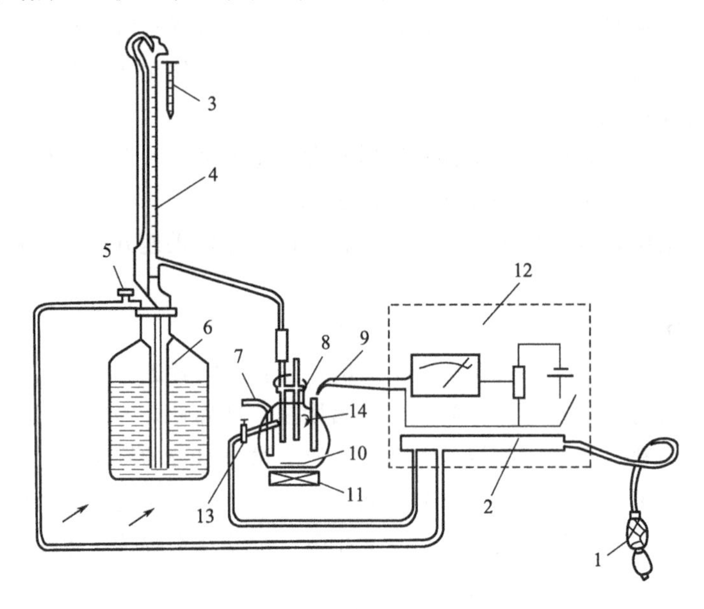

图1-18　永停法滴定装置

1—双连球；2，3—干燥管；4—自动滴定管；5—具塞放气口；6—试剂储瓶；7—废液排放口；8—反应瓶；9—铂电极；10—磁棒；11—搅拌器；12—终点装置；13—干燥空气进气口；14—进样口

（3）卡尔·费休试剂的配制与标定

① 试剂的处理　配制卡尔·费休试剂时，对试剂的纯度要求很高，特别是含水量应严格控制在0.1%以下，因为每升卡尔·费休试剂只能与大约6g的水作用，故试剂必须预先处理，除去其中水分。

甲醇和吡啶（分析纯）：如水分含量大于0.05%，用4A分子筛（500℃焙烧2h，于干燥器中冷却至室温）脱水。按每毫升溶剂0.1g分子筛的比例加入，放置24h。

碘（分析纯）：用浓硫酸干燥器干燥48h以上。

二氧化硫：钢瓶二氧化硫或硫酸分解亚硫酸钠制得，需经干燥脱水处理。

② 试剂的配制　从反应原理可以看出，卡尔·费休试剂是以碘的质量分数来决定试剂的浓度的。通常配成每毫升相当于3～6mg水的溶液，即配制1L试剂需碘量为42.5～85g。理论上，试剂中各组分的比例为$I_2:SO_2:C_5H_5N=1:1:3$，而实际上二氧化硫、吡啶和甲醇的用量都是过量的。若以甲醇作溶剂，则试剂中碘、二氧化硫和吡啶三者比例为$I_2:SO_2:C_5H_5N=1:3:10$。

新配制的试剂，其有效浓度可不断降低，其原因是碘、二氧化硫、甲醇、吡啶四种组分配在一起容易发生副反应，使浓度很快降低。为克服上述缺点，可将卡尔·费休试剂配成甲、乙两液（甲液为碘的甲醇溶液，乙液为二氧化硫的甲醇吡啶溶液）分别储存。使用时甲液作滴定剂，乙液用作溶剂。

吡啶极其难闻且有毒，现在有改良的卡尔·费休试剂，由碘、二氧化硫、碘化钠、无水乙酸钠按一定比例溶于一定量甲醇中混合而成。但其滴定结果不如含吡啶的卡尔·费休试剂。

卡尔·费休试剂和水的反应十分敏锐，在配制、贮存和使用过程中，都必须采取有效措施，防止水分对试剂浓度的影响。如卡尔·费休试剂应储存在密闭的棕色瓶中，于暗处放置24h后才能使用，在密闭的系统中滴定，使用的仪器必须干燥等。同时，每次临用前均应标定。

③ 试剂的标定　卡尔·费休试剂的浓度用它对水的滴定度 T 来表示，即每毫升试剂相当于水的质量（$g \cdot mL^{-1}$）。

标定卡尔·费休试剂可用纯水、二水合酒石酸钠（$Na_2C_4H_2O_6 \cdot 2H_2O$，含水15.66%）标定。或者可用甲醇水标准溶液标定。

方法一：用纯水或二水合酒石酸钠标定

精称一定量水或二水合酒石酸钠，溶于无水甲醇中，在不断振摇（或搅拌）下，立即用卡尔·费休试剂滴定至终点（用自身指示剂法或永停法）。同时做空白试验。根据滴定结果按式（1-11）计算试剂的水的滴定度 $T(g \cdot mL^{-1})$。

$$T = m_1/(V_1 - V_0) \quad 或 \quad T = m_2 \times 15.66\%/(V_2 - V_0) \tag{1-11}$$

式中　m_1——水的质量，g；

m_2——酒石酸钠二水合物的质量，g；

15.66%——酒石酸钠二水合物中结晶水的含量；

V_1——滴定水消耗卡尔·费休试剂的体积，mL；

V_2——滴定酒石酸钠中结晶水消耗卡尔·费休试剂的体积，mL；

V_0——空白试验消耗卡尔·费休试剂的体积，mL。

另外，也可取一定量溶剂，用卡尔·费休试剂滴定至终点（不计体积），然后加入水或基准物，再用卡尔·费休试剂滴定，记录消耗卡尔·费休试剂的体积。计算时不需扣除空白。

方法二：用甲醇-水标准溶液标定

(a) 甲醇-水标准溶液（$0.002g \cdot mL^{-1}$）的配制。用微量滴定管或吸液管注入1mL纯水于含约100mL甲醇之充分干燥的500mL容量瓶中，用同样的甲醇稀释至刻度，混匀，密封保存。用已知浓度的卡尔·费休试剂测定此溶液含水量 c_1。

(b) 卡尔·费休试剂的标定。精取一定体积的甲醇-水标准溶液，用卡尔·费休试剂滴定至终点。根据滴定结果计算试剂水的滴定度 T。

$$T = c_1V_1/V \tag{1-12}$$

式中　c_1——水标准液含水量，$g \cdot mL^{-1}$；

V_1——水标准液的体积，mL；

V——滴定消耗卡尔·费休试剂的体积，mL。

(4) 试样中水分的测定　在反应瓶中加入一定体积的甲醇或所规定的试样溶剂，在搅拌下用卡尔·费休试剂滴定至终点。迅速加入规定数量的试样，滴定至终点并记录卡尔·费休试剂的用量，试样中的含水量按式（1-13）和式（1-14）计算。

$$含水量=TV\times100\%/m \qquad (1\text{-}13)$$

$$含量=TV\times100\%/V_1\rho \qquad (1\text{-}14)$$

式中 V——滴定试样消耗卡尔·费休试剂的体积，mL；

T——卡尔·费休试剂的滴定度，$g\cdot mL^{-1}$；

m——试样的质量，g；

V_1——液体试样的体积，mL；

ρ——液体试样的密度，$g\cdot mL^{-1}$。

(5) 卡尔·费休法在工业生产中的应用　卡尔·费休试剂与水作用的灵敏度和特效性很高，在有机物分析中可用来直接测定有机物中的水分或测定反应中生成或消耗的水分，从而间接测定官能团或化合物的含量。

① 直接测定有机物中的水分　本身不与卡尔·费休试剂发生反应的有机化合物都可直接测定其中所含的水分。这些化合物见表 1-6。

表 1-6　能直接测定其中水分的各类有机物

化合物	适用试样	化合物	适用试样
烃类	饱和烃、不饱和烃、芳烃、卤代烃	不活泼羰基化合物	三氯甲烷、二苯基乙二酮
酸类	羧酸、羟基酸、氨基酸、磺酸	醚类	醚、缩醛
酸的衍生物	羧酸酯、无机酸酯、酰卤	含氮化合物	酰胺、酰苯胺、胺、硝基化合物、生物碱等
羟基化合物	醇类、酚类、糖	含硫化合物	硫醚、二硫化物、硫醇酯

② 间接测定某些化合物的含量　醇类与乙酸在三氟化硼催化作用下进行乙酰化反应时，生成的水用卡尔·费休试剂滴定，即可计算醇的含量。

醛和酮与羟胺反应生成肟，同时释放出和羰基等量的水，用卡尔·费休试剂滴定生成的水，即可测定其含量。

酸酐在三氟化硼催化作用下迅速水解为酸，加入一定量的水，反应后以卡尔·费休试剂滴定剩余的水，便可计算出酸酐的含量。测定时游离酸、无机酸、酯类不产生干扰。

尽管卡尔·费休测定微量水的方法具有广泛的应用，但能与碘起反应的、能氧化碘离子的以及能与卡尔·费休试剂中某组分反应生成水的物质均对测定有干扰。例如羟胺、肼等与碘发生反应生成水。同样，活泼的醛、酮和有机羧酸与卡尔·费休试剂中的甲醇发生羟醛缩合反应和酯化反应，均释出水。醌类等氧化碘化氢而析出碘。

卡尔·费休法也存在某些严重的缺点，如试剂毒性大，试剂的稳定性受环境湿度的影响，配制试剂需用大量溶剂，此外操作条件极为严格。因此，近年来常用气相色谱法来代替卡尔·费休法。

（四）读懂检测方案

无水乙醇中水分含量测定采用卡尔·费休库仑滴定法。库仑滴定法以卡尔·费休反应为基础，应用永停滴定法确定终点。库仑滴定法中滴定剂碘不是从滴定管加入，而是由含有碘离子的阳极电解液电解产生。一旦所有的水被滴定完全，阳极电解液中就会出现少量过量的碘，使铂电极极化而停止碘的产生。根据法拉第定律，产生的碘的量与通过的电量成正比，因此可以用测量滴定过程中流过的总电量的方法测定水分总量。卡尔·费休库仑滴定法主要用于测定含微量水分（0.0001%～0.1%）的物质，特别适用于测定化学惰性物质如烃类、醇类和酯类中的水分。所以用仪器应干燥，并能避免空气中水分的侵入；测定操作宜在干燥处进行。

三、测定方案实施

（一）仪器与试剂

自动水分滴定仪（CBS-2 型）；电子天平（万分之一）；称量管；微量注射器。

卡尔·费休试剂；纯水；无水乙醇。

（二）检测步骤

1. 卡尔·费休试剂浓度标定

加 50～70mL 甲醇于反应瓶中，甲醇用量必须浸没铂电极，接通电源，开动磁力搅拌器，用卡尔·费休试剂滴定至自动水分滴定仪电流计产生大偏转并保持 1min 内不变。不记录所消耗卡尔·费休试剂的体积。用双联球补充卡尔·费休试剂至滴定管零读数处，打开加料口橡皮塞，用微量注射器准确加入 5.00μL 纯水于反应瓶中，立即盖紧瓶塞，用卡尔·费休试剂滴定至终点，记录消耗体积 V。根据实验结果计算卡尔·费休试剂的水的滴定度 T。

$$T=\text{加入纯水的质量}/V(\text{g}\cdot\text{mL}^{-1})$$

2. 无水乙醇中水分含量的测量

按标定卡尔·费休试剂的要求，首先用卡尔·费休试剂滴定甲醇中的微量水分，滴定至自动水分滴定仪电流计指针与标定时同样的偏转，并保持 1min 不变。不记录所消耗卡尔·费休试剂体积，然后打开进样口橡皮塞，用称量管在电子天平上称量约 5mL 的无水乙醇的质量 m，迅速注入于反应瓶中，按标定时的操作要求进行滴定。记录消耗的卡尔·费休试剂的体积 V。按式 1-13 计算试样中的水分含量。

（三）说明和注意事项

（1）卡尔·费休试剂每次使用前均应标定。测定和标定在同一条件下进行，以减少测定误差。

（2）试剂中有甲醇、吡啶等有毒物质，测定结束后废液不可乱倒。

四、问题与思考

1. 用目视法和用永停法判断终点，哪种误差小？
2. 有机物中水分可用哪些方法测定？这些方法各适用于什么样品？
3. 不能用卡尔·费休试剂测定的物质可用哪种方法测定？

五、检查与评价

（一）选择题

卡尔·费休试剂是测定微量水的标准溶液，它由碘、二氧化硫和（　　）组成。

A. 乙醇　　B. 甲醇　　C. 吡啶　　D. 丙酮

（二）判断题

卡尔·费休试剂测水法的实质是利用碘氧化二氧化硫时，需要定量的水。（　　）

（三）计算题

1. 称取 0.3415g 水溶于无水甲醇使成 50.00mL。吸取 5.00mL，用卡尔·费休试剂滴定，消耗 4.75mL。取原无水甲醇 5.00mL，用同一标液滴定，消耗 0.55mL。求：①卡尔·费休试剂的滴定度（$g \cdot mL^{-1}$）；②水标准液的浓度（$g \cdot mL^{-1}$）；③无水甲醇含水百分数（$g \cdot 100mL^{-1}$）。

2. 测定下列试剂含水量，国家标准有如下指标。

试　样	分析纯	化学纯
三氯甲烷 $\rho=1.474 \sim 1.480 g \cdot mL^{-1}$	0.05	0.05
甲苯 $\rho=0.8630 \sim 0.8670 g \cdot mL^{-1}$	0.02	0.03
丙酮 $\rho \approx 0.79 g \cdot mL^{-1}$	0.03	0.05
邻菲啰啉	9.6	—

若卡尔·费休试剂的滴定度为 $3.6 \times 10^{-3} g \cdot mL^{-1}$，用 5mL 微量滴定管滴定，求试样的取样量（体积或质量）。

项目二　不饱和有机工业产品测定

任务　油脂碘值测定

一、工作任务书

"测定油脂的碘值"工作任务书

工作任务	某企业产品油脂的碘值测定
任务分解	1. 韦氏液的配制； 2. 利用氧化还原指示剂-淀粉溶液判断滴定终点； 3. 能够利用国家标准方法测定工业油脂的碘值； 4. 能够利用公式计算工业油脂的碘值
目标要求	**技能目标** 1. 能够规范地使用酸式滴定管，正确读数； 2. 能够规范地使用电子分析天平； 3. 会利用淀粉指示剂判断滴定终点； 4. 能够按照给定的程序控制条件对油脂进行测定，得到需要的数据； 5. 能够进行检测结果计算； 6. 能够了解其他测定不饱和化合物的常用分析方法 **知识目标** 1. 能知道韦氏液的配制方法； 2. 能理解碘值的概念及计算； 3. 能掌握韦氏法(碘量法)测量油脂不饱和度的原理和条件、结果计算； 4. 能说出常用的加成剂
学生角色	企业化验员
成果形式	学生原始数据单、检验报告单、知识和技能学习总结
备注	执行标准 GB/T 5532—2008《动植物油脂碘值的测定》

二、工作程序

（一）查阅相关国家标准

见本项目一中任务一。

（二）问题导入

1. 何为碘值、溴值？测定碘值的方法有哪些？
2. 氯化碘溶液如何配制？

3. 在测定碘值时为何要用干燥的碘量瓶？

4. 测定产生误差的主要原因有哪些？操作时如何避免？

5. 为何选用卤素的化合物作加成剂？

（三）知识与技能的储备

1. 碘（溴）值

油脂内均含有一定量的不饱和脂肪酸，无论是游离状还是甘油酯，都能在每个双键上加成1个卤素分子。这个反应对检验油脂的不饱和程度非常重要。油脂的不饱和度通常用碘（溴）值来衡量。碘（溴）值是指100g油脂加成所需卤素的质量，单位为g·$(100g)^{-1}$。通过碘值可大致判断油脂的属性。例如：碘值大于130，可认为该油脂属于干性油脂类；小于100属于不干性油脂类；在100～130则属半干性油脂类。制肥皂用的油脂，其混合油脂的碘值一般要求不大于65。硬化油生产中可根据碘值估计氢化程度和需要氢的量。

测定碘值的方法很多，如氯化碘-乙酸法、氯化碘-乙醇法、碘酊法、溴化法、溴化碘法等，这些方法的基本原理都是卤素加成法。在选择加成剂时，氟、氯、溴的单质作为加成剂过于活泼，往往伴随取代反应发生。而碘的活性较小，进行加成反应一般比较困难，因而大都是使用它们的化合物。以上几种方法各有其优缺点和应用范围，应该根据实际情况选用。

2. 氯化碘-乙酸法

氯化碘-乙酸法又名韦氏（Wijs）法。

（1）基本原理　过量的氯化碘溶液和油脂中不饱和脂肪酸的双键进行定量的加成反应：

$$I_2+Cl_2 \longrightarrow 2ICl$$

$$R_1CH{=}CHR_2+ICl \longrightarrow R_1CHI{-}CHClR_2$$

反应完全后，加入碘化钾溶液，与剩余的氯化碘作用析出碘，以淀粉作指示剂，用硫代硫酸钠标准溶液滴定，同时做空白试验。

$$ICl+KI \longrightarrow KCl+I_2$$

$$I_2+2Na_2S_2O_3 \longrightarrow 2NaI+Na_2S_4O_6$$

分析结果计算公式如下：

$$碘值=[(V_0-V)c\times126.9\times100]/1000m \tag{2-1}$$

式中　V_0——空白试验消耗硫代硫酸钠标准溶液的体积，mL；

V——试样试验消耗硫代硫酸钠标准溶液的体积，mL；

126.9——碘的摩尔质量，g·mol^{-1}；

c——硫代硫酸钠浓度，mol·L^{-1}；

m——试样的质量，g。

（2）测定条件

① 为使加成反应完全，卤化剂应过量100%～150%，氯化碘的浓度不要小于0.1mol·L^{-1}。

② 试样和试剂的溶剂通常用三氯甲烷或四氯化碳等。

③ 加成反应不应有水存在，所使用仪器要干燥，因ICl遇水发生分解。

④ 反应时瓶口要密闭，防止ICl挥发；并避免光照，防止发生取代副反应。一般应在暗处静置30min；碘值在150以上或是共轭双键时，应静置60min。

（3）氯化碘溶液的制法　氯化碘溶液可用冰乙酸或乙醇作溶剂，但氯化碘乙醇溶液与不饱和化合物的加成反应速率较慢，一般需要 6h，甚至 24h 才能反应完全，所以不适用于生产。

氯化碘的乙酸溶液是将碘溶解于冰乙酸中，然后通入干燥氯气而制得，其反应式为：

$$I_2 + Cl_2 \longrightarrow 2ICl$$

也可以将三氯化碘及碘溶解于冰乙酸而制得，其反应式为：

$$I_2 + ICl_3 \longrightarrow 3ICl$$

或者将氯化碘直接溶于冰乙酸而制得。

所使用的冰乙酸中不得含有还原性杂质。

在氯化碘的乙酸溶液中，碘和氯的比率应保持在 1.0～1.2 之间。而以碘比氯过量 1.5%的溶液最为稳定，一般可保存 30 天以上。

氯化碘加成法主要用于动植物油不饱和度的测定，还适用于测定不饱和烃、不饱和酯和不饱和醇等。苯酚、苯胺和一些易氧化的物质，对此法有干扰。

（四）读懂检测方案

油脂是油和脂肪的总称，从化学成分上来讲油脂都是高级脂肪酸与甘油形成的酯。其中，油是不饱和高级脂肪酸甘油酯，脂肪是饱和高级脂肪酸甘油酯。植物油在常温常压下一般为液态，称为油，而动物脂肪在常温常压下为固态，称为脂。油脂不但是人类的主要营养物质和主要食物之一，也是一种重要的工业原料。油脂中的不饱和化合物用韦氏法测定。氯化碘与油脂中不饱和脂肪酸起加成反应，然后用硫代硫酸钠滴定过量的氯化碘和碘分子，计算出以油脂中不饱和酸所消耗的氯化碘相当的硫代硫酸钠溶液的体积，再计算出碘值。在石油工业中，含有不饱和键的烯烃类化合物由于和氯化碘能发生加成反应，也常用此法检测。

三、测定方案实施

（一）仪器与试剂

电子天平（万分之一）；碘量瓶（500mL）；移液管（25mL）；滴定管（50mL）。

冰乙酸；碘化钾；氯仿；淀粉指示剂（1%）；重铬酸钾；硫代硫酸钠［$c_{1/2Na_2S_2O_3}$ = 0.1mol·L^{-1}的标准溶液］；氯化碘溶液（取一氯化碘 16.5g 于 1000mL 干燥烧杯中，加冰乙酸 1000mL 溶解，然后转入棕色试剂瓶中避光保存）。

（二）检测步骤

1. 0.1mol·L^{-1}硫代硫酸钠溶液的制备

（略）。

2. 样品测定

用电子天平精确称取油脂样品 2～3g（精确至 0.000 1g），置于碘量瓶中，加入氯仿 15mL。待样品溶解后，用移液管加入氯化碘溶液 25mL，充分摇匀后，置于 25℃左右的暗处 30min。将碘量瓶从暗处取出，加入碘化钾溶液各 20mL，再各加蒸馏水 100mL，用硫代硫酸钠标准溶液滴定至溶液呈淡黄色时，加入淀粉指示剂，继续滴定到蓝色消失为终点。同时在相同条件下做空白试验。

3. 结果计算

样品的碘值按式（2-1）计算。

（三）注意事项

（1）配制及使用韦氏液时，需严防水分进入，所用仪器必须干燥。

（2）配制韦氏碘液的冰醋酸质量必须符合要求，且不能含有还原性物质。

（3）韦氏碘液和硫代硫酸钠溶液稳定性较差，为使实验结果精确、可靠，必须做空白试验。

（4）韦氏碘液由大肚吸管中流下的时间，各次试验应取的一致。碘液与油样接触的时间，应注意维持恒定，否则易产生误差。

（5）反应时间、温度及韦氏液的浓度必须严格控制。

（6）常见油脂的碘值见表2-1。

表2-1　常用油脂的碘值

名　称	碘　值	名　称	碘　值
牛油	35～59	菜油	94～106
羊油	33～46	蓖麻油	83～87
猪油	50～77	茶油	95～105
鱼油	120～180	豆油	105～130
骨油	46～56	花生油	86～105
蚕蛹油	116～136	棉籽油	105～110
亚麻籽油	170～204	橄榄油	75～88

四、问题与思考

1. 除了韦氏法，还有哪些测定油脂不饱和度的方法？
2. 为什么动物油的碘值一般比植物油的低？
3. 油脂的碘值可反映油脂的什么性质？

五、检查与评价

（一）选择题

1. 有机物的碘值是指（　　）。

　A. 100g有机物需加成的碘的物质的量

　B. 100g有机物需加成的碘的质量（g）

　C. 有机物的含碘量

　D. 与100g碘加成时消耗的有机物的质量（g）

2. 韦氏法常用于测定油脂的碘值，韦氏液的主要成分是（　　）。

　A. 氯化碘　　B. 碘化钾　　C. 氯化钾　　D. 碘单质

3. 用溴加成法测定不饱和键时，避免取代反应的注意事项是（　　）。

A. 避免光照　　B. 高温　　C. 无时间考虑　　D. 滴定时不要振荡

（二）判断题

1. 碘值是指 100g 试样消耗的碘的质量（g）。（　　）
2. 氯化碘溶液可以用来直接滴定有机化合物中的不饱和键。（　　）
3. 碘值是衡量油脂质量及纯度的重要指标之一，碘值愈低，表明油脂的分子越不饱和。（　　）
4. 韦氏法主要用来测定动、植物油脂的碘值，韦氏液的主要成分为碘和碘化钾溶液。（　　）
5. ICl 加成法测定油脂碘值时，要使样品反应完全，卤化剂应过量 10%～15%。（　　）

（三）计算题

1. 用溴加成法测定十八碳烯（M=252.5g·mol^{-1}），样品测定和空白测定中加入 $KBrO_3$-KBr 标准溶液均为 20.00mL。测定样品和空白滴定碘时，所消耗 0.05000mol·L^{-1} $Na_2S_2O_3$ 标准溶液的体积分别为 8.03mL 和 20.03mL，样品的质量为 77.14mg。计算样品中烯键的含量和十八碳烯的含量。（M_C=12.01g·mol^{-1}）

2. 称取菜籽油 0.2520g 于干燥碘量瓶中，加 10mL CCl_4 振荡溶解，溶解后加 25.00mL 韦氏液（ICl），当反应完全后加入过量 KI 溶液，用 0.1025mol·L^{-1} $Na_2S_2O_3$ 标准溶液滴定，消耗 $Na_2S_2O_3$ 溶液 10.50mL。同样条件下做空白实验，消耗 $Na_2S_2O_3$ 标准溶液 28.00mL。求该菜籽油的碘值。（M_I=126.9g·mol^{-1}）

项目三　含杂元素有机工业产品测定

任务一　磺胺甲噁唑的含量测定

一、工作任务书

"磺胺甲噁唑的含量测定"工作任务书

工作任务	某企业产品磺胺甲噁唑的含量测定
任务分解	1. 复习电子天平的使用； 2. 学习永停滴定仪的使用及永停法确定滴定终点的操作； 3. 学习亚硝酸钠标准溶液的制备； 4. 学习快速滴定法的操作技能
目标要求	**技能目标** 1. 能够规范地使用永停滴定仪； 2. 会根据永停法原理判断滴定终点； 3. 能根据给定方案利用永停滴定法准确测定磺胺甲噁唑含量，得到所需数据； 4. 能够进行检测结果计算 **知识目标** 1. 能了解胺类化合物的物理、化学性质及分类； 2. 能掌握重氮化法测芳伯胺类化合物的原理和方法； 3. 能说出外指示剂确定滴定终点的原理和方法； 4. 能了解永停滴定法的测量原理； 5. 能掌握磺胺类药物含量测定条件的控制及结果计算
学生角色	企业化验员
成果形式	学生原始数据单、检验报告单、知识和技能学习总结
备注	执行标准：《中华人民共和国药典》2010 版

二、工作程序

（一）查阅相关国家标准

见本项目一中任务一。

（二）问题导入

1. 胺类化合物可用哪几种方法测定？
2. 永停滴定仪如何使用？
3. 为何要选用快速滴定法？何为快速滴定法？快速滴定法的操作要点是什么？

4. 永停滴定仪确定终点的原理是什么？

5. 为何测定过程要在低温下进行？

6. 在低温下测定胺类化合物时，其反应速率较慢，可通过控制哪些条件加快反应速率？

（三）知识与技能的储备

1. 胺类化合物的测定方法

胺是含有氨基官能团的化合物，是有机含氮化合物中最大的一类，被广泛用于工业生产中。氨基是碱性基团，所以胺具有一定程度的碱性。碱性强弱视烃基的性质和被取代的氢原子数而定。大部分脂肪胺（电离常数 $K_b=10^{-6}\sim10^{-3}$）碱性比氨强，可在水溶液中，用酸标准溶液滴定，芳香胺的碱性通常比氨弱得多，只能在冰乙酸中进行非水滴定。

氨基酸、酰胺和季铵盐可以在冰乙酸等非水介质中，用高氯酸滴定。

脂肪族伯胺与亚硝酸反应放出氮气，测量氮气体积从而计算伯氨基的量。这个方法在测定 α-氨基酸时，反应用 3～4min 即可完成。但需要在特殊的仪器中进行。也可用气相色谱法测量氮气，准确度较高。

芳香族伯胺在无机酸（如盐酸）存在下，和亚硝酸发生重氮化反应，生成重氮盐，常用重氮化法测定，在染料和药物分析中应用较广泛。

2. 重氮化法测芳伯胺

（1）基本原理　在低温及强无机酸存在下，芳香族伯胺与亚硝酸作用脱水缩合定量地生成重氮盐。因为亚硝酸不稳定，所以重氮化反应是用亚硝酸钠和盐酸作用产生亚硝酸，其反应式如下。

$$C_6H_5NH_2+NaNO_2+2HCl \longrightarrow [C_6H_5N\equiv N]^+Cl^-+NaCl+2H_2O$$

当亚硝酸稍过量时，重氮化反应即完全，可用永停法指示终点。

测定结果有下列两种表示方法：

$$\text{氨基}(—NH_2)\text{含量}=16.03Vc\times100\%/1000m \tag{3-1}$$

$$\text{芳伯胺含量}=VcM\times100\%/1000mn \tag{3-2}$$

式中　V——试样试验消耗亚硝酸钠标准溶液的体积，mL；

c——亚硝酸钠标准溶液的物质的量浓度，$mol\cdot L^{-1}$；

M——试样的摩尔质量，$g\cdot mol^{-1}$；

m——试样的质量，g；

n——分子中所含氨基的个数；

16.03——氨基的摩尔质量，$g\cdot mol^{-1}$。

（2）测定条件

① 反应酸度　重氮化反应在强酸介质中进行。常用盐酸，在盐酸中芳伯胺的盐酸盐溶解度大，反应速率快。酸度应控制在 $1\sim2mol\cdot L^{-1}$。大量过量的盐酸，可以抑制副反应，增加重氮盐的稳定性，加速重氮化反应。但是酸的浓度也不能过高，否则将阻碍芳伯胺的游离，反而影响重氮化反应速率。酸度不足时，生成的重氮盐能与尚未反应的芳伯胺偶合，生成重氮氨基化合物，使测定结果偏低。

$$[C_6H_5N\equiv N]^+Cl^-+C_6H_5NH_2 \longrightarrow C_6H_5—N=N—NH—C_6H_5+HCl$$

② 反应温度　一般应在低温的条件下进行。温度较高时虽然可加快重氮化反应，但会

造成亚硝酸的损失和重氮盐的分解。

③ 取代基　当苯环上有卤素、—SO_3H、—NO_2、—NO_2 等官能团时，重氮盐较为稳定，例如，对氨基苯磺酸，在 30～40℃，仍可以进行重氮化。但当苯环上有—CH_3、—OH、—OR 等取代基时，重氮盐较不稳定。必须控制温度在 15℃以下，虽然反应速率稍慢，但测定结果却较准确。如果采用快速滴定法则在 30℃以下均能得到满意的结果。

④ 快速滴定法　亚硝酸和芳伯胺的反应不是离子反应，作用较慢，所以重氮化反应必须缓慢地进行。采用快速滴定法可加快滴定速度，即将滴定管尖插入液面，将大部分亚硝酸钠标准溶液在不断搅拌或摇动下一次滴入，近终点时，将管尖提出液面，再缓缓滴定。这样开始生成的亚硝酸在剧烈搅动下，向溶液中扩散立即与试样反应，来不及逸出或分解，即可作用完全，并且由于亚硝酸浓度较大，还可加快重氮化反应速率。

⑤ 催化剂　对难以重氮化的化合物，例如，苯胺、萘胺、对氨基苯酚等，可以加入适量的溴化钾作为催化剂，以促进重氮化反应，同时滴定终点也更加明显。但溴化钾中不能含有溴酸钾，否则在酸性条件下将释出溴。

⑥ 溶剂　不溶或难溶于酸的氨基化合物，例如对氨基苯磺酸等，应先用碳酸钠溶液或氨水溶解，再将溶液酸化后进行重氮化。

（四）读懂检测方案

磺胺甲噁唑，又称新诺明，是一种广谱抗生素，可杀灭多种细菌。常用于呼吸系统感染、肠道感染等的治疗。磺胺甲噁唑属于芳伯胺类化合物，在强无机酸存在下，可与亚硝酸作用定量地生成重氮盐。因为亚硝酸不稳定，所以重氮化反应是用亚硝酸钠和盐酸作用产生亚硝酸。当亚硝酸稍过量时，重氮化反应即完全，用永停法指示终点。

三、测定方案实施

（一）仪器与试剂

烧杯（500mL）；锥形瓶（250mL）；酸式滴定管（50mL）；永停滴定仪。

对氨基苯磺酸（M=173.2）基准试剂；氨水（28%）；亚硝酸钠；盐酸（6mol・L^{-1}）；氢氧化钠；溴化钾；磺胺甲噁唑（M=253.27g・mol^{-1}）。

（二）检测步骤

1. 0.1mol/L 亚硝酸钠标准滴定液的制备

取亚硝酸钠 7.2g，加无水碳酸钠（Na_2CO_3）0.10g，加水适量使溶解成 1000mL，摇匀。放置于带有玻璃塞的棕色玻瓶中，密闭保存。

精密称取在 120℃干燥至恒重的基准对氨基苯磺酸约 0.5g 于烧杯中，加水 30mL 与浓氨试液 3mL，溶解后，加盐酸（1→2）20mL，置电磁搅拌器上，搅拌使溶解，插入铂-铂电极后，在电极上加电压约为 50mV。在 30℃以下用 0.1mol・L^{-1} 亚硝酸钠标准滴定液迅速滴定，滴定时将滴定管尖端插入液面下约 2/3 处，随滴随搅拌；至近终点时，将滴定管尖端提出液面，用少量水洗涤尖端，洗液并入溶液中，继续缓缓滴定。至电流计指针突然偏转，并不再回复，即为滴定终点。每 1mL 亚硝酸钠滴定液（0.1mol・L^{-1}）相当于 17.32mg 的对氨基苯磺酸。根据下式计算亚硝酸钠标准溶液的浓度。

$$c_{NaNO_2}=(m\times1000)/(V_0M)$$

式中　m——无水对氨基苯磺酸的质量，g；

V_0——滴定消耗亚硝酸钠溶液的体积，mL；

M——无水对氨基苯磺酸的摩尔质量，g·mol^{-1}，$M_{C_6H_4NH_2(SO_3H)}=173.19$g·mol^{-1}。

2. 磺胺甲噁唑含量测定

取磺胺甲噁唑样品约0.5g于锥形瓶中，精密称定，加盐酸溶液（1→2）25mL溶解后，再加水25mL，用永停滴定法，用亚硝酸钠滴定液（0.1mol·L^{-1}）滴定至终点。每1mL亚硝酸钠滴定液（0.1mol·L^{-1}）相当于25.33mg的$C_{10}H_{11}N_3O_3S$。按式（3-2）计算磺胺甲噁唑含量。

四、问题与思考

1. 能否选用外加指示剂淀粉或中性红确定滴定终点？
2. 哪些胺类化合物能用酸直接滴定？哪些需用非水滴定？

五、检查与评价

（一）选择题

1. 重氮化法测定磺胺类药物要使用过量的盐酸，下列叙述错误的是（　　）。
   A. 可以抑制副反应的发生　　B. 增加重氮盐的稳定性
   C. 加速重氮化反应　　D. 便于指示终点
2. 重氮化法可以测定（　　）。
   A. 脂肪伯胺　　B. 脂肪仲胺　　C. 芳伯胺　　D. 芳仲胺
3. 下列（　　）可用永停滴定法指示终点进行定量测定。
   A. 用碘标准溶液测定硫代硫酸钠的含量
   B. 用基准碳酸钠标定盐酸溶液的浓度
   C. 用亚硝酸钠标准溶液测定磺胺类药物的含量
   D. 用卡尔·费休法测定药物中的微量水分
4. 亚硝酸钠滴定法中加入溴化钾的目的是（　　）。
   A. 增强药物碱性　　B. 使氨基游离
   C. 使终点变色明显　　D. 增加NO^-浓度

（二）判断题

1. 重氮化法测定苯胺须在强酸性及低温条件下进行。（　　）

2. 重氮化法测定芳香胺类化合物时，主要是在强无机酸存在下，芳香胺与亚硝酸作用定量地生成重氮盐。（　　）

（三）计算题

测定扑热息痛中对氨基酚含量，精称试样1.02g，加50mL 1∶1HCl及3g KBr，用

0.1042mol·L^{-1} $NaNO_2$ 标准溶液滴定，消耗标准溶液 1.62mL。计算试样中对氨基酚含量。$M_{对氨基酚}=109.12g\cdot mol^{-1}$。

任务二 测定对硝基氯苯中的氯含量

一、 工作任务书

“测定对硝基氯苯中的氯含量”工作任务书

工作任务	某企业产品对硝基氯苯中氯含量测定
任务分解	1. 学习微量酸式滴定管的使用； 2. 学习使用电子天平称量微量样品； 3. 学习利用燃烧法分解法分解有机样品； 4. 学习元素测定分析结果计算
目标要求	**技能目标** 1. 能够基本规范地使用微量酸式滴定管，能够正确读数； 2. 能够使用电子天平称量微量样品； 3. 会选择合适的燃烧瓶； 4. 会进行样品的包折及燃烧分解； 5. 能够按照给定的程序对对硝基氯苯进行测定，得到需要的数据； 6. 能够进行检测结果计算 **知识目标** 1. 能理解干法分解有机样品的原理； 2. 能理解含卤素有机化合物含量的原理； 3. 能知道吸收液的选择原则； 4. 能掌握反应条件的控制； 5. 能利用给定公式计算对硝基氯苯中的氯含量
学生角色	企业化验员
成果形式	学生原始数据单、检验报告单、知识和技能学习总结
备注	执行标准 GB/T 1653—2006《邻、对硝基氯苯》 2010 版《中华人民共和国药典》

二、 工作程序

（一） 查阅相关国家标准

见本项目一中任务一。

（二） 问题导入

1. 如何进行干法分解有机样品？
2. 试样燃烧分解不完全的原因有哪些？
3. 如何用电子天平称量微量有机样品？

4. 在滴定前为何要加热除去过氧化氢及调节溶液酸度？如果不进行这些操作，会对测定结果产生什么影响？

5. 氧瓶燃烧法测定含氯化合物时，吸收液中是否需要加入过氧化氢？为什么？

6. 微量酸式滴定管如何使用?

（三）知识与技能的储备

1. 有机化合物的分解方法

在化学工业生产中，有时需要通过测定化合物某种元素的含量，检验原料、半成品和成品的质量和规格。测定有机化合物中的元素时，通常包括三个步骤：试样的分解、干扰元素的消除及分解产物中元素含量的测定。

分解有机物的方法，可分为干法分解和湿法分解两类。干法分解是使有机化合物在适当的条件下燃烧分解，而湿法分解则为酸煮分解，经分解有机化合物中的待测元素转化为简单的无机化合物或单质。

分解产物可采用化学分析法或物理、物理化学分析方法进行测定，根据测定方法的不同，在测定前需对分解产物进行干扰元素的消除。

有机物中卤素的测定方法较多，其共同点是将有机物中的卤素通过氧化或还原法定量地转变为无机卤化物，然后用化学分析或物理化学分析法测定卤素含量。常用的方法是氧瓶燃烧法。

2. 氧瓶燃烧法

氧瓶燃烧法是将有机物放入充满氧气的密闭的燃烧瓶中进行燃烧，并将燃烧所产生的待测物质吸收于适当的吸收液中。然后根据待测物质的性质，采用适宜的分析方法进行鉴别、检查或测定含卤素有机物或含硫、氮、硒等其他元素的有机物。本法是快速分解有机物的简单方法，它不需要复杂设备就能使有机化合物中的待测元素定量分解成离子型。

(1) 仪器装置　氧瓶燃烧所用仪器为燃烧瓶，燃烧瓶为磨口、硬质玻璃锥形瓶，规格有 500mL、1000mL 或 2000mL，瓶塞应严密、空心，底部熔封直径为 1mm 铂丝一根，铂丝下端做成片状或螺旋状，长度约为瓶身长度的 2/3，如图 3-1 所示。由于铂丝较昂贵，有时可用镍铬丝代替，也能得到可靠的结果，但镍铬丝不耐烧，易损坏。

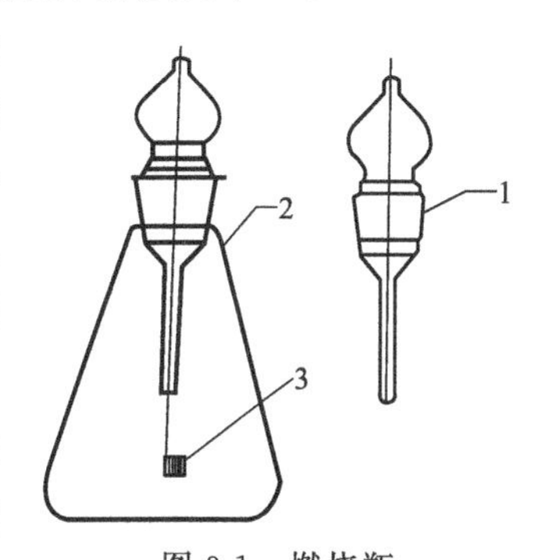

图 3-1　燃烧瓶

1—瓶塞；2—瓶体；3—金属片

燃烧瓶容积大小的选择，主要取决于被燃烧分解样品量的多少。一般取样量（10～20mg）使用 500mL 燃烧瓶，加大样品量（200mg）时可选用 1000mL 或 2000mL 燃烧瓶。若燃烧瓶容积对试样量来说较小，则容纳氧气量较少，就可能使燃烧不完全，也易于使瓶内压力过高，增加爆炸的可能性；若燃烧容积过大，增加吸收时间，也浪费氧气。使用燃烧瓶前，应检查瓶塞是否严密。

(2) 样品的处理　称取固体样品时，应先将样品研细，精密称取规定量，置于无灰滤纸[图 3-2 (a)] 中心，按顺序折叠 [图 3-2 (b)] 后，固定于铂丝下端，尾部向下露出，样品位于燃烧瓶的中央。

称取液体样品时，将样品滴在用透明胶纸和无灰滤纸做成的纸袋中。纸袋的做法是：将透明胶纸剪成规定大小和形状 [图 3-2 (c)]，中部贴一条约 25mm×6mm 的无灰滤纸条，将胶纸对折，紧粘住底部及另一边，并使上口敞开，精密称定重量，用滴管将供试品从上口滴在无灰滤纸条上，立即捏紧粘住上口，精密称定重量，两次重量之差即为供试品。将含有

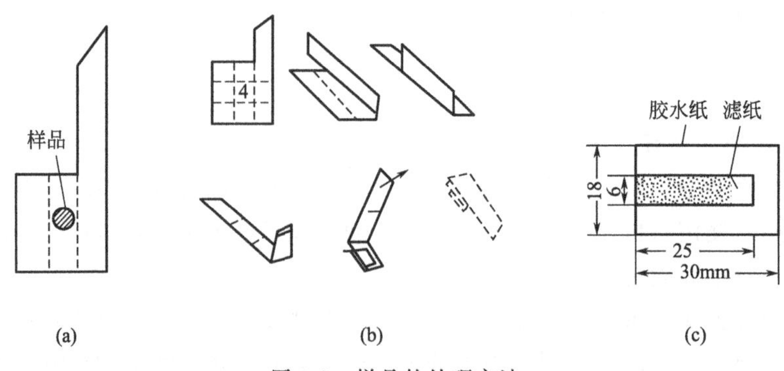

图 3-2 样品的处理方法

液体供试品的纸袋固定于铂丝下端，使尾部露出。

(3) 吸收液的选择 吸收液可使样品经燃烧分解所产生的各种价态的卤素，定量地被吸收并使其转变为一定的便于测定的价态，以适应所选择的分析方法。根据被测物质的种类及所用分析方法来选择合适的吸收液。中国药典（2010 年版）用于卤素、硫、硒等的鉴别、检查及含量测定的吸收液多数是水或水与氢氧化钠的混合液，少数是水-氢氧化钠-浓过氧化氢的混合液或硝酸溶液（1∶30）。

(4) 燃烧分解操作法 在燃烧瓶内加入规定的吸收液，并将瓶口用水湿润：小心急速通入氧气约 1min（通气管口应接近液面，使瓶内空气排尽），立即用表面皿覆盖瓶口，备用；点燃包有样品的滤纸包或纸袋尾部，迅速放入燃烧瓶中，按紧瓶塞，用水少量封闭瓶口，待燃烧完毕（应无黑色碎片），充分振摇，使生成的烟雾完全吸入吸收液中，放置 15min，用少量水冲洗瓶塞及铂丝，合并洗液及吸收液。燃烧完毕，如发现吸收液呈现黑色颗粒或见到滤纸碎片，则表明试样未分解完全，必须重作。

为安全起见，操作时要带上护目镜及手套，最好在防护屏后操作，并注意远离实验者。

(5) 应当注意的有关问题 通氧气要充足，确保燃烧完全。燃烧产生的烟雾应完全被吸收液吸收。注意防爆。为了保证安全，操作中可戴防护面罩。一般情况下，由于取样量很少，燃烧又在瞬间即可完成，因此，如果按规定方法操作，实际上几乎没有爆破危险。操作中，应将燃烧瓶洗涤干净，不得残留有机溶剂，也不能用有机润滑剂涂抹瓶塞；燃烧中产生的热气往往使塞子被顶动，因此点燃后，必须立即用手按紧瓶塞，直到火焰熄灭为止。

测定氟化物时应用石英燃烧瓶。因为含氟有机药物燃烧后生成的氟化氧气体可腐蚀玻璃，同时与玻璃中的硼生成的硼氟化物（如 BF_3）在水溶液中仅部分分解离成氟离子而使氟的测定结果偏低。

氧瓶燃烧法于 1955 年由薛立格（Schonigeer）创立，它具有简便、快速的特点，目前得到广泛应用。这个方法除了能用来定量测定卤素和硫以外，已广泛应用于有机物中磷、硼等其他非金属元素与金属元素的定量测定，并且可适用于绝大多数有机物中杂元素的定性鉴定。

3. 氧瓶燃烧法测氯、溴

(1) 测定原理 含氯或溴的有机物在氧气中燃烧分解，分别生成氯化氢、溴化氢和氯、溴单质。

$$\text{有机卤化物} \xrightarrow{Pt} HX + X_2 + CO_2 + H_2O$$

分解产物用氢氧化钠或氢氧化钠和过氧化氢混合液吸收。

$$HCl(HBr)+NaOH \longrightarrow NaCl(Br)+H_2O$$

$$Br_2+2NaOH+H_2O_2 \longrightarrow 2NaBr+O_2+2H_2O$$

加热煮沸溶液，除去过量的过氧化氢，调节溶液呈弱酸性，用硝酸汞标准溶液滴定，卤离子与汞离子生成几乎不电离的卤化汞，以二苯卡巴腙（二苯偶氮碳酰肼）为指示剂，微过量的汞离子与二苯卡巴腙生成紫红色的配合物，指示滴定终点。同样条件下进行空白实验。

$$2Cl^-(Br^-)+Hg^{2+} \longrightarrow HgCl_2(HgBr_2)$$

分析结果计算：

$$w_x=(V-V_0)cM_x\times100\%/m \tag{3-3}$$

式中　V——试样试验消耗硝酸汞标准溶液的体积，mL；

V_0——空白试验消耗硝酸汞标准溶液的体积，mL；

c——硝酸汞标准溶液的浓度，$mol\cdot L^{-1}$；

m——试样的质量，mg；

M_x——卤素的摩尔质量，$g\cdot mol^{-1}$；

（2）测定条件

① 吸收液及其用量　一般情况下，有机氯、溴化物燃烧分解时，除生成氯化氢、溴化氢外，还有部分被氧化转变成单质氯、溴，因此必须用水或碱液中加入过氧化氢溶液作为吸收液。一般 10～15mg 试样，以浓度为 1%的氢氧化钠溶液 10～15mL 作为吸收液，并向其中加入 4 滴 30%的过氧化氢溶液。在测定溴时，过氧化氢溶液的用量应该适当增加。

② 酸度　溶液酸度约为 pH=3.2 为宜。酸度过大，二苯卡巴腙与 Hg^{2+} 反应的灵敏度降低；碱性溶液中，二苯卡巴腙呈红色，与滴定终点颜色接近。

③ 介质　在 80%乙醇介质中进行滴定，二苯卡巴腙汞合物电离度降低，终点更为明显。

④ 终点判断　滴定终点颜色应由淡黄—红—紫。若直接出现紫色，红色不明显，说明指示剂已变质，必须重新配制。

（四）读懂检测方案

含氯的有机物在氧气中燃烧分解，分解产物用氢氧化钠和过氧化氢混合液吸收。加热煮沸溶液，除去过量的过氧化氢，在酸性（pH 约为 3.2）条件以及 80%乙醇中，用硝酸汞标准溶液滴定，以二苯卡巴腙（二苯偶氮碳酰肼）为指示剂，微过量的汞离子与二苯卡巴腙生成紫红色的配合物，指示滴定终点。

三、测定方案实施

（一）仪器与试剂

氧气钢瓶；燃烧瓶（500mL）；半微量酸式滴定管（10mL）；称量滤纸，用定量滤纸剪成如图 3-2 所示图形；锥形瓶（250mL）。

氯化钠（基准试剂）；氢氧化钠溶液（1%）；硝酸溶液（$0.5mol\cdot L^{-1}$，$0.05mol\cdot L^{-1}$）；乙醇（95%）；过氧化氢溶液（30%）；溴酚蓝指示剂（0.2%乙醇液）；二苯卡巴腙指示剂（1%无水乙醇溶液，用前现配，存放期不得超过两周）；硝酸汞标准溶液｛$0.01mol\cdot L^{-1}$

[1/2Hg(NO_3)$_2$ · H_2O]}；对硝基氯苯（M=157.5g · mol^{-1}）。

（二）检测步骤

1. 0.01mol · L^{-1}硝酸汞标准溶液制备

称取硝酸汞 [Hg(NO_3)$_2$ · H_2O] 1.75g 于烧杯中，溶于 10mL 0.5mol · L^{-1}硝酸中，以防止硝酸汞水解。待硝酸汞全部溶解后，再用 0.05mol · L^{-1}硝酸稀释至 1000mL，转移至试剂瓶中，放置 24h 后标定，如有沉淀，须过滤。

取基准氯化钠于 100℃干燥 4h 或置于坩埚内大火炒到发出响声后再炒片刻，置于干燥器冷至室温。精称 0.24～0.28g 用少量水溶解后，转入 250mL 容量瓶中，用水稀释至刻度，精取 5.00mL 于 250mL 锥形瓶中，加入 20mL 乙醇、3 滴溴酚蓝指示剂，用 0.5mol · L^{-1}硝酸中和至刚显黄色再过量 1 滴，加入 5 滴二苯卡巴腙指示剂，用 0.01mol · L^{-1}硝酸汞标准溶液滴定至溶液由黄色变为紫红色即为终点。硝酸汞标准溶液的浓度按下式计算。

$$c_{1/2\mathrm{Hg(NO_3)_2 \cdot H_2O}} = m/58.45(V-V_0)$$

式中 V——标定时消耗硝酸汞标准溶液的体积，mL；

V_0——空白试验消耗硝酸汞标准溶液的体积，mL；

m——氯化钠的质量，mg；

58.45——氯化钠的摩尔质量，g · mol^{-1}。

2. 样品测定

（1）试样处理　精确称取试样 10～15mg，置于称样滤纸中央，按规定折叠后，夹于燃烧瓶铂丝的螺旋钩上，使滤纸尾部向下。

（2）燃烧和吸收　于燃烧瓶中加 10mL 1%氢氧化钠溶液和 5 滴 30%过氧化氢溶液，然后将氧气导管伸入燃烧瓶中，管尖接近吸收液液面，通入氧气 20～30s，点燃滤纸尾部，迅速插入燃烧瓶中，压紧瓶塞，小心倾斜燃烧瓶，让吸收液封住瓶口，待燃烧完毕，按紧瓶塞，用力振摇 15min，至瓶内白烟完全消失，说明吸收完全。

（3）滴定　在燃烧瓶的槽沟中加少量水，转动并拔下瓶塞，用少量水洗涤瓶塞和铂丝，将溶液煮沸浓缩至 5mL，冷却后，加入 20mL 乙醇、3 滴溴酚蓝指示剂，逐滴加入 0.5mol · L^{-1}硝酸至吸收液刚显黄色，再过量 1 滴，加入 5 滴二苯卡巴腙指示剂，用 0.01mol · L^{-1}硝酸汞标准溶液滴定至溶液由黄色变为紫红色即为终点。同样条件进行空白试验。

3. 结果计算

根据实验结果按式（3-3）计算对硝基氯苯含氯量。

（三）说明和注意事项

（1）如果燃烧后，吸收液中存在黑色小块或溶液带色，说明燃烧分解不完全，应重新进行实验。

（2）为安全起见，燃烧分解时，最好戴护目镜和皮手套操作。倾斜燃烧瓶时，瓶底向后，注意勿对向他人。

（3）试样称样量，视其中卤素含量的多少而定，以滴定消耗硝酸汞标准溶液体积不超过 10mL 为度。试样称样量确定后，再选择燃烧瓶和测定条件以拟定正确的测定方案。

四、问题与思考

1. 氧瓶燃烧法用于测定哪类有机物?
2. 氧瓶燃烧法的成败关键是什么?
3. 在测定时如果不加入95%乙醇，会对测定结果产生什么影响?
4. 如果硝酸汞标准溶液中有絮状物会影响测定结果吗?
5. 燃烧分解后，如果吸收液中有黑色块状物，应如何处理?

五、检查与评价

(一) 选择题

1. 有机溴化物燃烧分解后，用(　　)吸收。

A. 水　　B. 碱溶液
C. 过氧化氢的碱溶液　　D. 硫酸肼和KOH混合液

2. 采用氧瓶燃烧法测定硫的含量，有机物中的硫转化为(　　)。

A. H_2S　　B. SO_2　　C. SO_3　　D. SO_2 和 SO_3

3. 氧瓶燃烧法测定卤素含量时，常用(　　)标准滴定溶液测定卤离子的含量。

A. 硝酸汞　　B. 二苯卡巴腙
C. 氢氧化钠　　D. 盐酸

4. 下列物质中，常作为有机物中卤素含量测定的指示剂是(　　)。

A. 二苯卡巴腙　　B. 淀粉
C. 钍啉　　D. 酚酞

5. 用氧瓶燃烧法测定卤素含量时，试样分解后，燃烧瓶中棕色烟雾未消失即打开瓶塞，将使测定结果(　　)。

A. 偏高　　B. 偏低
C. 偏高或偏低　　D. 棕色物质与测定对象无关，不影响测定结果

6. 氧瓶燃烧法测定有机元素时，瓶中铂丝所起的作用为(　　)。

A. 氧化　　B. 还原　　C. 催化　　D. 支撑

7. 用氧瓶燃烧法测定卤素含量，滴定时未加乙醇，将使测定结果(　　)。

A. 偏高　　B. 偏低
C. 偏高或偏低　　D. 不影响测定结果

(二) 判断题

1. 有机物中卤素的测定，常将其转化为卤离子后用硝酸汞标准滴定溶液进行滴定。(　　)

2. 氧瓶燃烧法除了能用来定量测定卤素和硫以外，已广泛应用于有机物中硼等其他非金属元素与金属元素的定量测定。(　　)

3. 氧瓶燃烧法测定有机物中卤素含量时，试样量不同，所用的燃烧瓶的体积也应有所不同。(　　)

4. 用燃烧法测定有机物中氯时，由于有机溴化物燃烧分解产物为单质溴，所以有机溴

化物的存在对测定没有影响。(　　)

5. 氧瓶燃烧法测定对硝基氯苯中氯含量时，试样燃烧分解后，若吸收液呈黄色，将造成测定结果偏高。(　　)

(三) 计算题

测定对二氯苯含量，称取试样 16.7mg，燃烧分解后，用 $0.01174mol \cdot L^{-1}$ $Hg(NO_3)_2$ 标准溶液滴定，消耗 9.58mL，空白消耗标准溶液 0.04mL。计算：(1) 试样中氯含量；(2) 对二氯苯含量。

任务三 尿素含量测定

一、工作任务书

"尿素含量测定"工作任务书

工作任务	某企业产品尿素含量测定
任务分解	1. 学习凯氏烧瓶的使用； 2. 学习凯氏定氮仪(水蒸气蒸馏装置)的使用； 3. 巩固微量酸式滴定管的使用； 4. 学习根据等物质的量反应规则进行工业样品含量结果的计算
目标要求	**技能目标** 1. 能够熟练进行工业固体样品的取样； 2. 能够使用凯氏烧瓶和水蒸气蒸馏装置； 3. 能够使用电子天平称量有机样品； 4. 能够规范地使用微量酸式滴定管，并正确读数； 5. 能够按照给定的程序对尿素进行测定，得到需要的数据； 6. 能够根据反应进行检测结果计算 **知识目标** 1. 了解有机含氮化合物的分类； 2. 掌握含氮化合物常用的测定方法； 3. 了解各种测定的方法的适用范围； 4. 了解湿法分解(酸煮分解)有机化合物的方法原理； 5. 掌握吸收液及催化剂的选择； 6. 掌握有机化合物中氮元素的测定原理、方法、条件； 7. 掌握含氮化合物含量的计算方法； 8. 能够了解凯氏定氮法的优点及局限
学生角色	企业化验员
成果形式	学生原始数据单、检验报告单、知识和技能学习总结
备注	执行标准 GB/T 2441.1—2008《尿素的测定方法》

二、工作程序

(一) 查阅相关国家标准

见本项目一中任务一。

（二）问题导入

1. 凯氏烧瓶如何使用？消解时为何要在瓶口加一小漏斗？
2. 第一步消解过程中加入浓硫酸及硫酸铜、硫酸钾的作用是什么？
3. 如何判断样品消解完全？
4. 若消化液不易澄清透明，是何原因？如何补救？
5. 为何要进行碱化蒸馏？第一步消解结束后可否直接用碱标准溶液滴定剩余的酸？
6. 蒸馏结束时，为何要先取下吸收瓶，再撤去热源？
7. 凯氏定氮法在测定含氮化合物时有哪些限制？

（三）知识与技能的储备

1. 测量含氮化合物的方法

含氮化合物是有机物中非常重要的一类化合物，如氨基酸、蛋白质、胺类等，动植物体的主要成分都是含氮化合物，因此测定有机物中氮的含量具有重要的意义。有机物中氮的测定，通常是将有机物中氮转化为 N_2 或 NH_3 的形式。然后分别用气量法或气相色谱法测定 N_2，用容量法或分光光度法测定 NH_3，从而计算有机物中氮的百分含量。这些方法中应用最多的为凯达尔法（即凯氏定氮法）。

凯达尔法的仪器设备简单，测定过程也比较简便，又能同时测定多个试样，多用于化工生产的常规分析。此法适用于氨基酸、蛋白质中氮的测定，但不能直接测定硝基化合物、亚硝基化合物、偶氮化合物、肼、腙等。

2. 凯达尔法

凯达尔法亦称硫酸消化法。

（1）基本原理　含氮化合物在催化剂的存在下，用浓硫酸煮沸分解，有机物中的氮转化为 NH_3，被过量浓硫酸吸收生成 NH_4HSO_4，可用下式表示。

$$\text{有机化合物} + \text{浓}\ H_2SO_4 \longrightarrow CO_2 + H_2O + SO_2 + NH_3 + \cdots$$

$$NH_3 + H_2SO_4 \longrightarrow NH_4HSO_4$$

在消化液中加入过量的碱溶液，用直接蒸馏法或水蒸气蒸馏法将 NH_3 蒸出。

$$NH_4HSO_4 + 2NaOH \longrightarrow NH_3 + Na_2SO_4 + 2H_2O$$

蒸馏过程放出的 NH_3，可用过量地硫酸标准溶液吸收，生成硫酸铵。

$$2NH_3 + H_2SO_4 \longrightarrow (NH_4)_2SO_4$$

剩余的硫酸用氢氧化钠标准溶液滴定。同样条件下进行空白实验。

$$2NaOH + H_2SO_4 \longrightarrow Na_2SO_4 + 2H_2O$$

（2）分析结果的计算　分析结果按式（3-4）和式（3-5）计算。

$$w_N = (V - V_0)c \times 14.01 \times 100\%/m \qquad (3\text{-}4)$$

$$w_{\text{氮化物}} = (V - V_0)cM \times 100\%/mn \qquad (3\text{-}5)$$

式中　V——试样试验消耗盐酸标准溶液的体积，mL；

V_0——空白试验消耗盐酸标准溶液的体积，mL；

c——盐酸标准溶液的浓度，$mol \cdot L^{-1}$；

m——试样的质量，g；

M——含氮化合物的摩尔质量，$g \cdot mol^{-1}$；

n——含氮化合物分子中氮的数目；

14.01——氮的摩尔质量，$g \cdot mol^{-1}$。

（3）测定条件

① 试样的消化分解条件。在消化过程中为了加速分解过程、缩短消化时间，常加入适量的无水硫酸钾（或硫酸钠）和催化剂（统称消化剂）。

硫酸钾与硫酸反应生成硫酸氢钾，可提高反应温度（纯硫酸沸点330℃，添加硫酸钾后可达400℃）。但是硫酸钾的用量不可过多，否则消耗过多的硫酸，使硫酸用量不足，而且温度过高，生成的硫酸氢铵也会分解，放出氨气，使氮损失，测得值偏低。消化过程中盐的浓度可控制在0.35～0.45$g \cdot mL^{-1}$。

浓硫酸在消解反应中起到以下三个方面的作用：脱水使有机物碳化；浓硫酸分解产生的氧气可加速有机化合物的分解；吸收生成的氨。如果消耗的硫酸过多会影响反应的进行，一般在凯氏烧瓶口插入一小漏斗（如图3-3所示），以减少硫酸的损失。

常用的催化剂有硫酸铜、硒粉、氧化汞和汞等。既可以单独使用，也可混合使用。最常用的是硫酸铜或硫酸铜和硒粉混合物。

对难分解的化合物，可添加适量的氧化剂以加速消化。常用的氧化剂是30%的过氧化氢，消化速度快，操作简便。

在有机物全部消化后，溶液呈清澈的蓝绿色或无色。

② 碱的用量。碱化蒸馏常用40%的氢氧化钠溶液。其用量约为消化时所用硫酸体积的4～5倍（至消化液呈蓝黑色为止）。采用直接蒸馏法时，要注意防止强酸强碱中和时产生的热量使NH_3逸出损失。中和时应沿瓶壁缓慢地加入足够的碱液，使酸液和碱液分为两液层。全部装置安装好后再混合。

③ 蒸馏速度。蒸馏时加入锌粒或沸石，防止溶液过热或产生暴沸，开始蒸馏时速度不可过快，以免蒸出的NH_3未及时吸收而逸出；吸收液在蒸馏过程中应保持室温；空白试验和样品蒸馏液的体积要基本一致（相差应在±10mL以内）。蒸馏体积不同，影响溶液pH，以致影响滴定耗酸量。

④ 指示剂。可选用溴甲酚绿-甲基红或亚甲基蓝-甲基红混合指示剂。

⑤ 吸收液。除以硫酸标准溶液为吸收液外，也可选用饱和硼酸溶液（4%）为吸收液，用硫酸标准溶液滴定。

上述方法仅适用于硫酸消化时，容易分解生成硫酸氢铵的含氮化合物，如胺、氨基酸、酰胺以及它们的简单衍生物。

（4）仪器装置　消解装置如图3-3所示；碱化蒸馏和吸收可用水蒸气蒸馏法，装置如图3-4所示。

凯达尔法广泛应用于含氮化合物中总氮量的测定，也常用于化合物含量的测定。此法一直被作为法定的标准检验方法。但是由于凯达尔法在消解时不能区分待测组分中的氮与杂质中的氮，目前在很多领域已经被液相色谱法代替。

3. 还原后凯达尔定氮法

凯达尔定氮法不能使硝基、亚硝基、偶氮基、肼或腙等含氮有机物中的氮完全转变成硫酸氢铵。当测定这类试样时，需要在分解以前用适当的还原剂将这些官能团还原。常用的还原剂有锌-盐酸、红磷-氢碘酸、水杨酸-硫代硫酸钠、德氏达合金（50%Cu、45%Al、5%Zn）等。

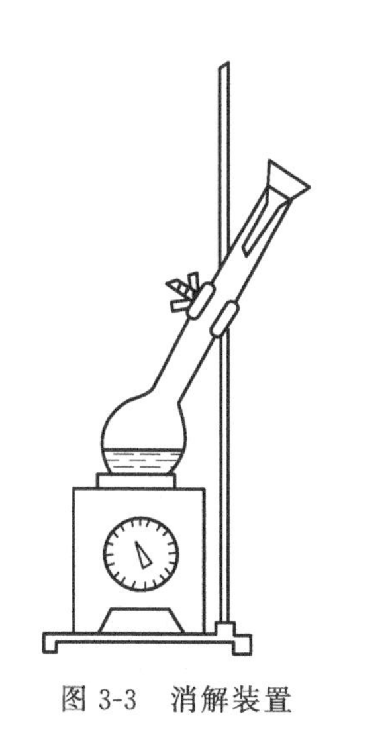

图 3-3　消解装置

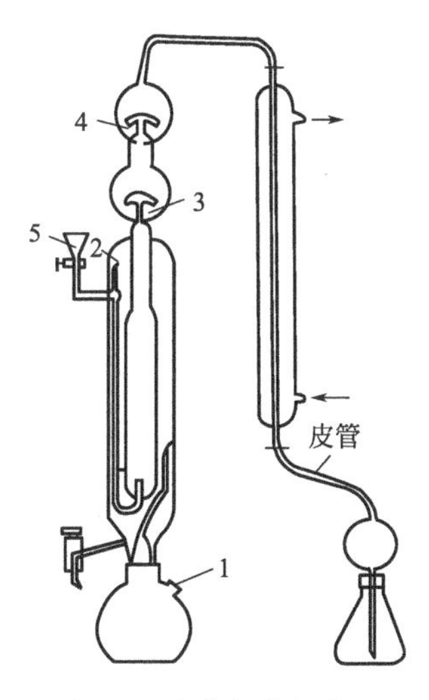

图 3-4　水蒸气蒸馏装置

1—水蒸气发生瓶；2—蒸气室；3—安全球；
4—冷凝管；5—节门漏斗

（四）读懂检测方案

尿素与浓硫酸和催化剂共同加热消化，使尿素分解，产生的氨与硫酸结合生成硫酸铵，留在消化液中，然后加碱蒸馏使氨游离，用过量硫酸标准溶液吸收后，再用氢氧化钠标准溶液滴定剩余的酸，根据氢氧化钠的消耗量来计算出样品中含氮量，进而求得尿素含量。

三、测定方案实施

（一）仪器与试剂

凯氏定氮仪；电子天平（万分之一）；万用电炉；半微量酸式滴定管（10mL）；容量瓶（250mL）；移液管（10mL）。

蒸馏水；尿素；氢氧化钠；浓硫酸；五水硫酸铜；甲基红-亚甲基蓝混合指示剂。

（二）检测步骤

1. 样品消化

称取尿素约 2.5g（±0.0001g），移入干燥的 100mL 凯氏烧瓶中（在加入样品时尽可能使样品落于烧瓶底部，不要黏附在瓶颈内壁上），加入 2g 五水硫酸铜，稍摇匀后瓶口放一小漏斗，加入 40mL 浓硫酸，将瓶以 45°角斜支于有小孔的石棉网上，使用万用电炉，在通风橱中加热消化，开始时用低温加热，待内容物全部炭化（变焦黑），泡沫停止后，再升高温度保持微沸，消化液逐渐变草黄色，至液体呈蓝绿色或几乎无色澄清透明后，继续加热 0.5h，取下放冷，小心加 20mL 水，放冷后，完全转移到 250mL 容量瓶中，加水定容至刻度，混匀备用，即为消化液。若煮沸后，消化液不能变无色澄清，则可冷却后加入 3～4 滴过氧化氢再加热。

试剂空白实验：取与样品消化相同的硫酸铜、浓硫酸，按以上同样方法进行消化，冷却，加水定容至250mL，得试剂空白消化液。

2. 定氮装置的检查与洗涤

检查微量定氮装置是否装好。在蒸气发生瓶内装水约2/3，加甲基红-亚甲基蓝指示剂数滴及数毫升硫酸，以保持水呈酸性，加入数粒玻璃珠（或沸石）以防止暴沸。

测定前定氮装置如下法洗涤2～3次：从样品进口加入水适量（约占反应管三分之一体积）通入蒸汽煮沸，产生的蒸汽冲洗冷凝管，数分钟后关闭热源，使反应管中的废液倒吸流到反应室外层，打开外反应室旋塞排出，如此数次，即可使用。

3. 碱化蒸馏及吸收

量取硫酸标准溶液50.00mL于锥形瓶中，加入甲基红-亚甲基蓝混合指示剂2～3滴，并使冷凝管的下端插入硫酸液面下，准确吸取10.00mL样品消化液，由小漏斗流入反应室，并以10mL蒸馏水洗涤进样口流入反应室，量取10mL 40%氢氧化钠溶液从小漏斗缓缓流入反应室，用少量水冲洗，立即将玻塞旋紧，开始蒸馏。通入蒸汽蒸腾10min后，移动接收瓶，液面离开凝管下端，再蒸馏2min。然后用少量水冲洗冷凝管下端外部，取下锥形瓶，准备滴定。

同时吸取10.0mL试剂空白消化液按上法蒸馏操作。

4. 样品滴定

以0.1mol·L^{-1}氢氧化钠标准溶液滴定至灰色为终点。

5. 结果计算

按式(3-6)、式(3-7)计算尿素样品中的含氮量及尿素含量。

$$w_N=(V_0-V)c\times0.0140\times100\%/m\times10/250 \quad (3\text{-}6)$$

$$w_{尿素}=(V_0-V)cM\times100\%/m\times10/250 \quad (3\text{-}7)$$

式中 V——样品滴定消耗氢氧化钠标准溶液体积，mL；

V_0——空白滴定消耗氢氧化钠标准溶液体积，mL；

c——氢氧化钠标准滴定溶液浓度，mol·L^{-1}；

m——样品的质量，g；

M——尿素的摩尔质量，g·mol^{-1}。

四、问题与思考

1. 蒸馏时为什么要加入氢氧化钠溶液？加入量对测定结果有何影响？

2. 在蒸汽发生瓶水中加甲基红指示剂数滴及数毫升硫酸的作用是什么？若在蒸馏过程中才发现蒸汽发生瓶中的水变为黄色，马上补加硫酸行吗？

3. 如何确认消解液中的氨已被全部蒸出？

4. 实验操作过程中，影响测定准确性的因素有哪些？

5. 除了用硫酸标准溶液作吸收液，还可以用哪些物质作吸收液？

五、检查与评价

（一）选择题

1. 以下含氮化合物可以用凯达尔法测定的是（　　）。

A. TNT 炸药　B. 硫脲　C. 硫酸肼　D. 氯化偶氮苯

2. 凯达尔法也称硫酸消化法，其分析全过程包括（　　）。

A. 消化、分解、吸收　B. 消化、碱化蒸馏、吸收、滴定

C. 溶解、中和、吸收、滴定　D. 消化、酸化、吸收、滴定

3. 凯达尔法定氮消化过程中常用的催化剂是（　　）。

A. $CuSO_4$　B. $CuSO_4$＋硒粉

C. 硒粉　D. $K_2SO_4+CuSO_4$

4. 凯达尔定氮法的关键步骤是消化，为加速分解过程，缩短消化时间，常加入适量的（　　）。

A. 无水碳酸钠　B. 无水碳酸钾

C. 无水硫酸钾　D. 草酸钾

5. 有机物中氮的定量方法有（　　）。

A. 凯氏法　B. 杜马法　C. 气相色谱法　D. 重量法

（二）判断题

1. 氨基酸、蛋白质中氮的测定常用容量分析法。（　　）
2. 凯达尔烧瓶的主要用途是加热处理试样。（　　）
3. 消化法定氮的溶液中加入硫酸钾，可使溶液的沸点降低。（　　）
4. 用消化法测定有机物中的氮时，加入硫酸钾的目的是用作催化剂。（　　）

（三）计算题

1. 凯达尔法测有机物中氮含量时，称取样品 2.50g，消耗浓度为 $0.09971mol\cdot L^{-1}$ 的 HCl 标准溶液的体积为 27.82mL。空白测定消耗 HCl 的体积为 2.73mL。则此样品中氮的质量分数是多少？

2. 测定某含氮试样，称取试样 2.000g 消化蒸馏析出的氨用硼酸吸收后，用硫酸标准溶液滴定，消耗 8.23mL。另取纯硫酸铵 0.6100g 加入过量氢氧化钠，蒸馏析出的氨，用硼酸吸收后，用同一硫酸标准溶液滴定，消耗 20.00mL。计算试样中氮的质量分数？（$M_{硫酸铵}=132.2g\cdot mol^{-1}$）

任务四　咖啡因含量测定

一、工作任务书

“咖啡因含量测定”工作任务书

工作任务	某企业产品咖啡因含量测定
任务分解	1. 复习电子分析天平的使用； 2. 学习高氯酸标准溶液的制备； 3. 学习利用结晶紫指示剂判断滴定终点； 4. 学习非水滴定法分析结果计算

续表

目标要求	**技能目标** 1. 能够正确制备高氯酸标准溶液； 2. 会利用结晶紫指示剂判断滴定终点； 3. 能够按照国家标准方法对咖啡因进行测定，得到需要的数据； 4. 能够根据给定公式计算咖啡因含量 **知识目标** 1. 能了解非水滴定的特点； 2. 知道溶剂的分类及溶剂的性质； 3. 能理解溶剂对滴定的影响； 4. 能掌握溶剂的选择原则； 5. 能理解酸碱性溶剂对物质酸碱性的影响； 6. 能掌握滴定终点的确定方法
学生角色	企业化验员
成果形式	学生原始数据单、检验报告单、知识和技能学习总结
备注	执行标准《中华人民共和国药典》2010 版

二、工作程序

（一）查阅相关国家标准

见项目一中任务一。

（二）问题导入

1. 非水滴定常用的滴定剂有哪些？
2. 非水滴定操作过程中应注意什么问题？
3. 配制高氯酸溶液时为何要加入冰醋酸？能否将乙酸酐直接加入高氯酸中？
4. 什么样品需要用非水滴定？

（三）知识与技能的储备

1. 非水溶剂的分类

在滴定分析中，滴定反应一般都在水溶液中进行。用水作溶剂的特点是水对许多物质均有较大的溶解度，而且廉价、易于净化。但是，对于很多有机化合物它们在水中溶解度很小；许多弱酸（如酚类，脂肪族伯、仲硝基化合物等）或弱碱（芳胺、酰胺等），它们的电离常数小于 10^{-8}；在酸碱滴定过程中，因为中和产物（盐）的水解造成溶液的缓冲性以至于滴定终点不够敏锐；还有一些弱酸盐和弱碱盐，当形成它们的弱酸或弱碱并不太弱时，在水溶液中很难直接进行酸碱滴定。而在有机溶剂中滴定可以解决这些问题，这种采用有机溶剂进行滴定的方法称为“非水滴定法”。

非水滴定法选择合适的溶剂是关键，为了增进试样的溶解度、酸度、碱度以及滴定终点的灵敏度，根据酸碱的质子理论和“相似相溶原理”可知，弱酸性物质在碱性溶剂中酸性增强，弱碱性物质在酸性溶剂中碱性增强。不溶于水的有机物易溶于有机溶剂。在测定有机试样时，可根据不同的试样选择不同的溶剂。

（1）酸性溶剂　给出质子能力（酸性）比水强的溶剂称为酸性溶剂。在测定有机弱碱时，选择酸性溶剂。常用的酸性溶剂有冰乙酸、无水甲酸等，其中冰乙酸应用最多。它对大多数碱性有机物有较大的溶解度，应用在氨基酸、芳胺、生物碱、羧酸盐、吡啶等有机弱碱的滴定中。

（2）碱性溶剂　接受质子能力（碱性）比水强的溶剂称为碱性溶剂。在测定有机弱酸时，选择碱性溶剂。常用的碱性溶剂有二甲基甲酰胺、乙二胺、吡啶等。其中以乙二胺应用较多。

（3）两性溶剂　这种溶剂给出质子的能力（酸性）和接受质子的能力（碱性）介于酸性溶剂和碱性溶剂之间，该溶剂遇酸性物质显碱性，遇碱性物质显酸性，常用的溶剂有甲醇、乙醇、正丙醇、乙二醇等，主要应用于不溶于水的有机酸或碱的测定。以上三种溶剂都是质子型溶剂。

（4）惰性溶剂　它是既不能供给质子也不能接受质子的溶剂。它和以上三种溶剂不同，与标准溶液或试样都不发生质子转移反应，质子反应只发生在试样与标准溶液之间。这种溶剂主要起溶解和稀释的作用，适用于不溶于水的有机物的测定。常用的惰性溶剂有三氯甲烷、四氯化碳、甲苯、二甲苯、1，4-二氧六环、硝基苯等。

有时为了提高滴定终点的敏锐性，在酸性溶剂或碱性溶剂中，加入一些惰性溶剂，组成混合溶剂。使用混合溶剂还可促进试样的溶解。

由于溶剂的性质对酸碱滴定影响很大，所以溶剂的选择是非水滴定的一个重要问题，良好的溶剂应该具备下列条件：

① 能增大或减小酸或碱的强度；

② 使试样、滴定产物和过量的滴定剂有较高的溶解度；

③ 有合适的指示剂或能用电位法确定滴定终点；

④ 溶剂极性不宜太强，并且挥发性小，使用安全。

非水滴定法广泛应用于有机官能团定量分析中。随着非水滴定法的理论和技术的不断发展，解决了许多有机物定量分析的问题。在有机弱酸、弱碱和有机盐的测定中尤为突出。

2. 非水滴定的应用

（1）非水滴定法测定有机碱　许多芳香胺、生物碱、氮杂环、氨基酸等，在水中溶解度很小，或者碱性很弱，不能在水溶液中滴定。可以采用非水滴定法测定其含量。

① 溶剂的选择　对于碱性较弱但不溶于水的有机碱，可以采用两性溶剂（如醇类溶剂），也可以采用惰性溶剂（如苯、氯仿等）；对于碱性较弱的有机碱，为了增强弱碱的碱性，可以采用酸性溶剂，常用冰乙酸、甲酸等。

② 滴定剂的选择　为了提高滴定反应的速度和滴定终点的敏锐性，在非水滴定中，通常采用强酸如高氯酸的冰乙酸溶液作为酸标准滴定溶液滴定有机碱。冰乙酸中经常含有少量的水，在配制标准溶液时加入酸酐，酸酐与冰乙酸中的少量水反应生成乙酸，予以消除冰乙酸中的水。酸酐的加入量要适当，加的量多，剩余的酸酐可以和脂肪族伯、仲胺试样发生酰化反应，对测定其胺有干扰；加入量少，水分除不尽。在滴定脂肪胺或杂环胺时，有时也用1,4-二氧六环配制高氯酸标准溶液。在冰乙酸中标定该溶液常用邻苯二甲酸氢钾或无水乙酸钠基准物。

③ 指示剂的选择　一般选择在酸性范围内变色的指示剂，常用的指示剂有结晶紫、α-苯

酚苯甲醇、喹哪啶红等。

（2）非水滴定法测定弱酸盐　在非水滴定中，测定羧酸盐如同测定有机碱性物质一样，可以采用酸性溶剂（冰乙酸）或惰性溶剂（氯仿）等，用高氯酸的冰乙酸标准滴定溶液滴定。如果羧酸盐中同时含有游离的强碱（NaOH 或 KOH 等），则可以分别滴定强碱和羧酸盐，求出各自的含量。

（3）非水滴定法测定弱酸性物质　在水中溶解度小的高级酸，酸性较弱的酚类化合物、氨基酸、脂肪族伯、仲硝基化合物等在水溶液中滴定时，滴定突跃不明显，影响测定结果，可采用非水滴定法。

① 溶剂的选择　对于酸性较强但不溶于水的有机酸，可以采用两性溶剂，如醇类溶剂；也可以采用惰性溶剂，如苯、氯仿等。对于酸性较弱的有机酸，为了增强弱酸的酸性，可以采用碱性溶剂，如二甲基甲酰胺、乙二胺等。

② 滴定剂的选择　常用的标准溶液是甲醇钠、甲醇钾溶液及氢氧化四正丁基铵的苯-甲醇溶液。对于一些酸性很弱的化合物，如酚类，可用氨基乙醇钠的乙二胺溶液滴定。

③ 指示剂的选择　可选择在碱性范围内变色的指示剂，常用的指示剂有百里香酚蓝、偶氮紫等。

（四）读懂检测方案

咖啡因是一种从茶叶、咖啡果中提炼出来的黄嘌呤生物碱类化合物，属于中枢神经兴奋剂，它的结构式如下图所示：

咖啡因的碱性较弱，且水溶性较差，《中国药典》2010 版采用非水滴定法测定其含量。以醋酸酐：冰醋酸（5：1）为溶剂将咖啡因溶解，以结晶紫为指示剂，用 $0.1mol \cdot L^{-1}$ 高氯酸滴定液滴定至溶液显黄色，并将滴定的结果用空白试验校正，根据滴定液使用量，计算咖啡因的含量。

三、测定方案实施

（一）仪器与试剂

锥形瓶（150mL）；自动滴定管（10mL）；储液瓶（500mL）。

乙酸酐-冰乙酸溶液（体积比为 5：1）；结晶紫指示剂（0.5%冰乙酸溶液）；高氯酸；邻苯二甲酸氢钾基准试剂；咖啡因 $C_8H_{10}N_4O_2 \cdot H_2O$，$M=212.21g \cdot mol^{-1}$。

（二）检测步骤

1. 高氯酸标准溶液（$0.1mol \cdot L^{-1}$）配制及标定

量取 8.5mL 高氯酸，在搅拌下注入 500mL 冰乙酸中，混匀。在室温下滴加 20mL 乙酸酐，搅拌至溶液均匀。冷却后用冰乙酸稀释至1000mL，摇匀。使用前标定，标定时和使用时温度应相同。

称取0.6g于105～110℃烘至恒重的基准邻苯二甲酸氢钾，置于干燥的锥形瓶中，加入50mL冰乙酸温热溶解，加2～3滴结晶紫指示剂，用高氯酸标准溶液滴定至紫色变为蓝色(微带紫色)。

2. 咖啡因含量的测定

精密称取咖啡因0.15g，加乙酸酐与冰乙酸体积比为5∶1的混合液25mL，微热使溶解，放冷，加结晶紫指示剂1滴，用0.1mol·L^{-1}高氯酸标准溶液滴定至溶液显黄色，即为终点。同样条件下进行空白试验。

3. 结果计算

高氯酸标准溶液深度按式(3-8) 计算。

$$c_{HClO_4}=m/0.2042V \tag{3-8}$$

式中　m——邻苯二甲酸氢钾质量，g；

V——滴定消耗的高氯酸溶液体积，mL。

咖啡因含量按式(3-9) 计算。

$$w_{C_8H_{10}N_4O_2}=c(V-V_0)\times 0.01942/m_s \tag{3-9}$$

式中　c——高氯酸标准溶液浓度，mol·L^{-1}；

V——滴定样品消耗高氯酸标准溶液体积，mL；

V_0——滴定空白液消耗高氯酸标准溶液体积，mL；

m_s——样品质量，g。

药典规定其含量按干燥品计算，含$C_8H_{10}N_4O_2$不得少于98.5%。

（三）说明和注意事项

(1) 高氯酸的冰乙酸溶液，因冰乙酸体积随温度改变较大，所以高氯酸冰乙酸溶液在滴定试样时和标定时的温度差不要超过10℃时，否则应重新标定。

(2) 冰乙酸中含有少量的水分，而水的存在常影响滴定突跃，使指示剂变色不敏锐，除去水分的方法是加入乙酸酐，使与水反应生成乙酸。

(3) 结晶紫其酸式色为黄色，碱式色为紫色，由碱区到酸区的颜色变化为，紫-蓝-蓝绿-黄绿-黄。在滴定不同强度的碱时，终点颜色变化不同。滴定较强碱，应以蓝色或蓝绿色为终点；滴定较弱的碱应以蓝绿色、绿色或黄色为终点。最好以电位滴定法作对照，以确定滴定终点颜色。并做空白试验加以校正以减少滴定误差。

咖啡因碱性很弱 (pK=14.15)，在乙酸酐为主要组分的溶剂中，滴定突跃显著增大，能获满意结果。

四、问题与思考

1. 终点可否通过其他方法控制？
2. 若待测样品中含水对测定结果有影响吗？应如何处理？
3. 非水滴定法测定咖啡因含量的原理是什么？

五、检查与评价

（一）选择题

1. 非水滴定法常用的滴定剂是（　　）。

A. 亚硝酸钠溶液　　B. 高氯酸的冰醋酸溶液

C. 乙二胺四乙酸二钠溶液　　D. 盐酸溶液

2. 在非水滴定中，弱碱的滴定应采用（　　）溶剂。

A. 碱性　　B. 中性　　C. 两性　　D. 酸性

3. 非水滴定法测定弱酸性药物时可选用的溶剂是（　　）。

A. 有机溶剂　　B. 乙二胺　　C. 冰醋酸　　D. 水

4. 标定高氯酸滴定液的基准物是（　　）。

A. 邻苯二甲酸氢钾　　B. 对氨基苯磺酸　　C. 三氧化二砷

D. 氯化钠　　E. 无水碳酸钠

5. 标定 $HClO_4$ 标准溶液的浓度，室温 14℃时标定结果为 0.1005mol·L^{-1}，测定碱性药物时，室温为 26℃，此时标准液浓度为（　　）。

A. 0.0994　　B. 重新标定　　C. 0.0997

D. 0.1021　　E. 0.1005

（二）计算题

1. 配制 0.05mol·L^{-1}高氯酸的冰乙酸溶液 2000mL，需要 80%高氯酸 8.4mL，所用的冰乙酸含量为 99.8%，相对密度为 1.05，应加含量为 97.0%，相对密度为 1.08 的乙酸酐多少毫升，才能除去其中的水分？（$M_{C_4H_6O_3}=102.09g\cdot mol^{-1}$）。

2. 高氯酸冰乙酸溶液在 30℃标定时浓度为 0.1053mol·L^{-1}，若滴定时温度为 26℃，试计算其浓度。

项目四　含氧有机工业产品测定

任务一　工业季戊四醇羟基含量测定

一、工作任务书

“工业季戊四醇羟基含量测定”工作任务书

工作任务	某企业产品季戊四醇羟基含量测定
任务分解	1. 复习电子天平的使用； 2. 学习酰化法测醇类的方法； 3. 复习酸式滴定管的使用； 4. 学习根据酰化反应进行工业样品含量结果的计算
目标要求	**技能目标** 1. 能够熟练进行工业固体样品的取样； 2. 能够使用电子天平称量有机样品； 3. 能够进行酰化法的操作； 4. 能够按照给定的程序对季戊四醇进行测定，得到需要的数据； 5. 能够根据酰化反应进行检测结果计算； 6. 能够了解其他常用的酰化剂 **知识目标** 1. 能了解醇类化合物的物理、化学性质及可发生的化学反应； 2. 能知道酰化剂的选择方法； 3. 能掌握酰化反应的条件； 4. 能说出酰化过程的干扰因素； 5. 能理解酰化法的测量原理； 6. 能掌握醇类含量的测定方法及结果计算
学生角色	企业化验员
成果形式	学生原始数据单、检验报告单、知识和技能学习总结
备注	执行标准 GB/T 7815—2008《工业用季戊四醇》

二、工作程序

（一）查阅相关国家标准

见项目一中任务一。

（二）问题导入

1. 常用的酰化试剂都有哪些？各有什么优缺点？

2. 配制硫酸和氢氧化钠溶液时，哪个浓度应高一些？为什么？
3. 在进行酰化反应时应如何操作能避免反应过程中发生危险？
4. 实验操作过程中，影响测定准确性的因素有哪些？
5. 如何判断试样是否反应完全？

（三）知识与技能的储备

1. 醇类的测定方法

醇的测定通常是根据醇容易酰化成酯的性质，用酰化方法测定。常用的有乙酰化法和邻苯二甲酸酐酰化法。其中以乙酰化法应用最为普遍，按照乙酰化剂组成的不同，该法可分为乙酸酐-吡啶乙酰化法、乙酸酐-高氯酸-吡啶乙酰化法和乙酸酐-乙酸钠乙酰化法。以上方法主要用于伯醇和仲醇的测定。

2. 乙酰化法

用乙酰化法测定醇时，常用的乙酰化试剂是乙酸酐。其性质比较稳定，不易挥发，酰化反应速率虽较慢，但可加催化剂来提高，必要时可加热。常用的催化剂有高氯酸和乙酸钠。乙酰氯是最活泼的乙酰化试剂，酰化反应迅速，不过它比较容易挥发而损失，在定量分析中不宜采用。

以下介绍乙酸酐-乙酸钠乙酰化法。

(1) 基本原理　以乙酸钠作催化剂，醇与乙酸酐发生乙酰化反应，反应生成的乙酸和过量乙酸酐用碱溶液中和后，加入一定量过量的碱，使生成的酯定量皂化，剩余的碱用酸标准溶液滴定。由空白滴定和试样滴定之差值即可求得羟值含量。以季戊四醇测定为例，其反应过程如下。

乙酰化 $C(CH_2OH)_4+4(CH_3CO)_2O \longrightarrow C(CH_2OOCCH_3)_4+4CH_3COOH$

水解 $(CH_3CO)_2O+H_2O \longrightarrow 2CH_3COOH$

中和 $CH_3COOH+NaOH \longrightarrow CH_3COONa+H_2O$

皂化 $C(CH_2OOCCH_3)_4+4NaOH(过量) \longrightarrow C(CH_2OH)_4+4CH_3COONa$

滴定 $H_2SO_4+2NaOH(剩余) \longrightarrow Na_2SO_4+2H_2O$

分析结果计算公式如下。

$$w_{羟基}=(V_0-V)c\times 17.01\times 100\%/1000m \tag{4-1}$$

式中　V_0——空白试验消耗硫酸标准溶液的体积，mL；

V——试样试验消耗硫酸标准溶液的体积，mL；

c——$1/2H_2SO_4$ 标准溶液的浓度，$mol \cdot L^{-1}$；

17.01——羟基的摩尔质量，$g \cdot mol^{-1}$；

m——试样的质量，g。

(2) 测定条件　中和反应是本法的关键，如果中和不准确即颜色过深或过浅均会造成误差。若中和颜色过深即氢氧化钠过量，酯局部皂化使测得值偏低，反之则偏高。

中和反应和滴定反应均以酚酞作指示剂，因溶液中有乙酸钠存在，所以终点颜色均应为微红色（终点 pH 约为 9.7）。

以乙酸钠为催化剂，操作简便、快速，准确度也较高。此法测定醇可消除伯胺与仲胺的干扰。在反应条件下，伯胺与仲胺酰化为相应的酰胺，醇酰化为酯，用碱中和后，加入过量碱，酯被定量地皂化，而酰胺不反应。

（四）读懂检测方案

季戊四醇在乙酸钠存在下，能够和乙酸酐发生酰化反应生成酯，加入一定量的碱使生成的酯定量皂化，剩余的碱用酸标准溶液进行滴定，根据消耗的酸量计算其羟基含量。

三、测定方案实施

（一）仪器与试剂

锥形瓶（500mL）；酸式滴定管（50mL）；碱式滴定管（50mL）；干燥管，内装碱石灰带胶塞，其大小与锥形瓶配套；调压电炉。

乙酸酐；无水乙酸钠；氢氧化钠溶液（$1mol \cdot L^{-1}$）；硫酸标准溶液（$c_{1/2H_2SO_4}=1mol \cdot L^{-1}$）；酚酞指示剂（1%乙醇液）；季戊四醇（$M=136.15g \cdot mol^{-1}$）。

（二）检测步骤

1. 硫酸标准溶液的制备

（略）

2. 样品测定

精称干燥研细的试样 0.8g（准至 0.0002g）置于 500mL 干燥锥形瓶中，加入 1g 无水乙酸钠、3mL 乙酸酐，轻轻摇动，使固体湿润，在电炉上缓慢加热，微沸 2～3min，使回流现象至锥形瓶 3/4 处，取下锥形瓶，稍冷却后，加入 25mL 水，再继续加热至沸使溶液清亮后，取下冷却至室温。加入 8 滴酚酞指示剂，用 $1mol \cdot L^{-1}$ 氢氧化钠溶液中和至微粉色，然后准确滴加 50.00mL 氢氧化钠溶液（$1mol \cdot L^{-1}$），在调压电炉上加热煮沸 10min 后，装上碱石灰干燥管，急速冷却至室温，再加 8 滴酚酞指示剂，用 $c_{1/2H_2SO_4}=1mol \cdot L^{-1}$ 的硫酸标准溶液滴定至微粉色（pH=9.7）。

同样条件进行空白试验。根据式（4-1）计算试样中羟基百分含量（羟值）。

（三）注意事项

（1）氢氧化钠溶液浓度不要大于 $1mol \cdot L^{-1}$，硫酸标准溶液（$c_{1/2H_2SO_4}$）浓度不要小于 $1mol \cdot L^{-1}$，以免空白值超过 50mL。

（2）样品与固体乙酸钠应轻轻摇匀后，再加入 3mL 乙酸酐，然后轻轻摇动使乙酸酐将混合固体浸湿。

（3）乙酰化反应加热时，可轻轻转动瓶子，但切忌摇动，否则易发生崩溅现象，一旦将液体溅出锥形瓶外，应重做。

（4）以氢氧化钠中和乙酸时，滴定速度不要太快，以免局部提前皂化。

四、问题与思考

1. 此方法是否适用于叔醇的测定？

2. 剖析分析方案：香料中伯醇或仲醇含量测定。

量取10mL试样、10mL乙酸酐和2.00g无水乙酸钠，回流加热后，加水50～60mL振摇15min，倾入分液漏斗中弃去水溶液，依次用氯化钠饱和液、碳酸钠-氯化钠溶液、氯化钠饱和液各50mL依次洗涤，再用蒸馏水洗至中性为止。所得乙酰化试样用3g无水硫酸镁干燥，至透明为止。

称取干燥乙酰化试样约2g，准确加入50.00mL氢氧化钾乙醇溶液（$0.5mol \cdot L^{-1}$），回流加热1h，冷却至室温，加5～10滴酚酞指示剂，用$0.5mol \cdot L^{-1}$盐酸准溶液滴定至粉红色消失即为终点，同样进行空白试验。

回答下列问题：

（1）所加各试剂的作用是什么？

（2）各步操作目的是什么？

五、检查与评价

（一）选择题

1. 乙酰化法测定伯、仲醇时，为了加快酰化反应速率，并使反应完全，酰化剂的用量一般要过量（　　）。

A. 20%以上　　B. 50%以上　　C. 100%以上　　D. 200%以上

2. 乙酰化法测定某醇的羟值时所用的酰化试剂是（　　）。

A. 乙酸　　B. 乙酸酐　　C. 乙酰氯　　D. 乙酰胺

3. 乙酸酐-乙酸钠酰化法测羟基时，加入过量的碱的目的是（　　）。

A. 催化　　B. 中和

C. 皂化　　D. 氧化

4. 乙酰化法测定羟基时，常加入吡啶，其作用是（　　）。

A. 中和反应生成的乙酸　　B. 防止乙酸挥发

C. 将乙酸移走，破坏化学平衡　　D. 作催化剂

5. 有机化合物中羟基含量测定方法有（　　）。

A. 酰化法　　B. 高碘酸氧化法

C. 溴化法　　D. 气相色谱法

（二）判断题

1. 乙酰化法适合所有羟基化合物的测定。（　　）

2. 乙酰化法测定醇含量可消除伯胺和仲胺的干扰，在反应条件下伯胺和仲胺酰化为相应的酰胺，醇酰化为酯，用碱中和后，加入过量的碱，酯被定量地皂化，而酰胺不反应。（　　）

3. 乙酸酐-乙酸钠法测羟基物时，用NaOH中和乙酸时不慎过量，造成结果偏高。（　　）

4. 乙酰化法测定羟基时，为了使酰化试剂与羟基化合物充分接触，可加适量水溶解。（　　）

（三）计算题

用乙酰化法测定正己醇，样品测定和空白测定中加入的乙酰化试剂均为5.00mL，样品测定和空白测定所耗的0.2000mol·L^{-1} NaOH标准溶液的体积分别为3.00mL和4.95mL，样品的质量为39.79mg，求羟基的百分含量和正己醇的百分含量。（$M_{羟基}=17.01g \cdot mol^{-1}$，$M_{正己醇}=102g \cdot mol^{-1}$）

任务二　工业甘油含量测定

一、工作任务书

“工业甘油含量测定”的工作任务书

工作任务	某企业产品甘油的含量测定
任务分解	1. 复习电子天平的使用； 2. 学习α-多羟基醇的典型反应； 3. 学习酸量法测α-多羟基醇的结果计算
目标要求	**技能目标** 1. 能够熟练进行工业液体样品的取样； 2. 能够熟练使用电子天平； 3. 能够进行直接法和减量法称量样品质量； 4. 能够规范地使用碱式滴定管，并正确读数； 5. 能够按照国家标准方法对工业甘油进行测定，得到需要的数据； 6. 能够了解α-多羟基醇的其他分析方法 **知识目标** 1. 能了解α-多羟基醇类化合物的物理、化学性质； 2. 能掌握酸量法测量α-多羟基醇的原理、测量条件、方法及结果计算； 3. 能了解碘量法测α-多羟基醇的原理和方法
学生角色	企业化验员
成果形式	学生原始数据单、检验报告单、知识和技能学习总结
备注	执行标准GB/T 13216—2008《甘油试验方法》

二、工作程序

（一）查阅相关国家标准

见项目一中任务一。

（二）问题导入

1. 高碘酸氧化法能测量哪种类型的醇？
2. 能用高碘酸直接和甘油反应吗？
3. 酸量法测量甘油含量时加入乙二醇起什么作用？

4. 什么是精密称取？

（三）知识与技能的储备

1. 概述

醇是含有羟基官能团的有机化合物。由于与羟基相连接部分的组成和结构不同，醇类分子中羟基的化学性质也不是完全相同的。因此，根据羟基的某一化学性质建立的测定方法，大多是不能通用的，即使测定方法相同，测定条件也不一样。

位于相邻碳原子上的多元醇羟基（α-多羟基醇），具有醇羟基的一般性质，同时也具有其特殊性，即 α-多羟醇易被氧化，测定它们有一种专属分析法，即高碘酸氧化法。

在弱酸性介质中，高碘酸能定量地氧化位于相邻碳原子上的羟基，生成相应的羰基化合物和羧酸。一元醇或羟基不在相邻碳原子上的多羟醇等均不被氧化。这就是高碘酸氧化法测定多羟醇含量的基本依据。其反应可用下列通式表示。

$$CH_2OH(CHOH)nCH_2OH+(n+1)HIO_4 \longrightarrow 2HCHO+nHCOOH+(n+1)HIO_3+H_2O$$

高碘酸氧化 α-多羟基醇后，可以通过测定剩余的高碘酸或测定氧化产物醛或酸来计算含量。一般常用的方法有碘量法和酸量法。

2. 碘量法

（1）基本原理　向 α-多羟基醇中加入一定量且过量的高碘酸发生氧化反应，反应完全后剩余的高碘酸和反应生成的碘酸被还原析出碘，用硫代硫酸钠标准溶液滴定，同时做空白试验。由空白滴定与试样滴定之差值即可算出试样中 α-多羟基醇含量。以乙二醇、丙三醇为例，其反应过程如下：

$$CH_2OHCH_2OH+HIO_4 \longrightarrow 2HCHO+HIO_3+H_2O$$

$$CH_2OHCHOHCH_2OH+2HIO_4 \longrightarrow 2HCHO+HCOOH+2HIO_3+H_2O$$

$$HIO_4+7KI+7H^+ \longrightarrow 4I_2+7K^++4H_2O$$

$$HIO_3+5KI+5H^+ \longrightarrow 3I_2+5K^++3H_2O$$

$$I_2+2Na_2S_2O_3 \longrightarrow 2NaI+Na_2S_4O_6$$

从上述反应看出，在高碘酸氧化 α-多羟基醇的反应中，1mol HIO_4 产生 1mol HIO_3，少析出 1mol I_2，而 1mol I_2 与 2mol $Na_2S_2O_3$ 相当。所以，在乙二醇与高碘酸的反应中，1mol 乙二醇与 2mol $Na_2S_2O_3$ 相当，故乙二醇的物质的量 $n_{乙二醇}$ 为

$$n_{乙二醇}=1/2n_{Na_2S_2O_3}$$

同理，丙三醇的测定反应中的化学计量关系为：

$$n_{丙三醇}=1/4n_{Na_2S_2O_3}$$

α-多羟基醇的物质的量用下面的通式表示为：

$$n_{\alpha\text{-多羟醇}}=1/2En_{Na_2S_2O_3}$$

式中，E 是与 1mol α-多羟基醇反应所消耗的高碘酸的物质的量。

分析结果由式（4-2）计算。

$$w_{\alpha\text{-多羟基醇}}=[(V_0-V)cM\times100\%]/[m\times2\times(n+1)\times1000] \quad (4-2)$$

式中　V_0——空白试验消耗硫代硫酸钠标准溶液的体积，mL；

V——试样试验消耗硫代硫酸钠标准溶液的体积，mL；

c——硫代硫酸钠标准溶液的浓度，$mol\cdot L^{-1}$；

M——α-多羟基醇的摩尔质量，$g \cdot mol^{-1}$；

m——试样的质量，g；

n——α-多羟基醇分子中所含仲醇羟基的个数。

由于糖分子中含有多元邻位羟基，所以高碘酸氧化法也能用来测定糖。除 α-多羟基醇和糖外，α-羰基醇、多羟基二元酸如酒石酸、柠檬酸等有机物，在酸性条件下，也能被高碘酸定量氧化，根据氧化还原反应中消耗的高碘酸的量，即可求出被测物的含量。

（2）测定条件

① 滴定试样消耗硫代硫酸钠标准溶液的体积必须超过空白试验消耗量的 80%，以保证有足够的高碘酸，使氧化反应完全，如仅为空白试验所消耗的 75%，则表明所有的高碘酸已全部消耗，则样品有可能还没完全反应。此时应该减小试样称量或增加高碘酸用量，重新测定。

② 酸度和温度的影响。酸度控制在 pH=4 左右，反应温度宜在室温或低于室温。温度较高时会导致生成的醛或酸被进一步氧化等副反应。当反应生成物是甲醛或甲酸时，要特别小心，因为这些化合物在室温下也会逐渐缓慢地氧化，造成测定误差。

③ 反应需静置 30～90min。乙二醇、丙三醇等多数化合物 30min，羟基酸（如酒石酸）、糖（如葡萄糖）、甘露醇、环氧乙烷等常需 60～90min。

④ 高碘酸溶液可选用高碘酸钾或高碘酸钠配制。高碘酸盐溶液都很稳定，其中高碘酸钠溶解度大，易纯制，实际应用更多。由于酸度对高碘酸的氧化速度有影响，常配成高碘酸的酸性溶液（酸度为 $0.05mol \cdot L^{-1}$ 或 $0.1mol \cdot L^{-1}$），以加快氧化反应速率。

3. 酸量法

α-多羟基醇和过量的高碘酸钠反应，生成一定量的甲酸，反应完全后，加入过量乙二醇溶液，乙二醇将剩余的高碘酸钠反应生成甲醛和碘酸钠，用氢氧化钠标准溶液滴定生成的甲酸，同时做空白试验。其反应过程如下：

$$CH_2OHCHOHCH_2OH + 2NaIO_4 \longrightarrow 2HCHO + HCOOH + 2NaIO_3 + H_2O$$

$$CH_2OHCH_2OH + NaIO_4 \longrightarrow 2HCHO + NaIO_3 + H_2O$$

$$NaOH + HCOOH \longrightarrow HCOONa + H_2O$$

分析结果由式（4-3）计算。

$$w_{\alpha\text{-多羟基醇}} = (V - V_0)cM \times 100\% / 1000m \tag{4-3}$$

式中　V——试样试验消耗氢氧化钠标准滴定溶液的体积，mL；

V_0——空白试验消耗氢氧化钠标准滴定溶液的体积，mL；

c——氢氧化钠标准滴定溶液的浓度，$mol \cdot L^{-1}$；

M——α-多羟基醇的摩尔质量，$g \cdot mol^{-1}$；

m——试样的质量，g。

重铬酸钾氧化法也用于测定某些 α-多羟基醇，甘油在强酸性条件下，被重铬酸钾定量氧化，生成二氧化碳和水，过量的重铬酸钾用碘量法测定。

（四）读懂检测方案

甘油，又称丙三醇，是化学工业上常见的一种产品。其分子中相邻 3 个碳原子上均连接羟基，属于 α-多基羟醇。GB/T 13216—2008《甘油试验方法》中规定甘油含量采用高碘酸氧化-酸量法测定。即在弱酸性介质中，甘油首先被过量高碘酸氧化生成一定量的甲酸，将剩余的高碘酸用乙二醇反应完全后，生成的甲酸，以酚酞为指示剂，用氢氧化钠标准溶液滴定，根据滴定液使用量，计算甘油的含量。

三、测定方案实施

（一）仪器与试剂

电子天平（万分之一）；酸式滴定管（50mL）；锥形瓶（250mL）。

蒸馏水；工业甘油；高碘酸钠；乙二醇；氢氧化钠；酚酞。

（二）检测步骤

1. 0.1mol·L^{-1} 氢氧化钠标准溶液的制备

（略）。

2. 样品测定

精密称取工业甘油约 0.1g 于锥形瓶中，加水 45mL，混匀，精密加入 2.14%（g·mL^{-1}）高碘酸钠溶液 25mL，摇匀，暗处放置 15min。

加入 50%（g·mL^{-1}）乙二醇溶液 5mL，摇匀，暗处放置 20min。

加入酚酞指示液 0.5mL，用氢氧化钠滴定液（0.1mol·L^{-1}）滴定至终点，同时做空白试验。每毫升氢氧化钠滴定液（0.1mol·L^{-1}）相当于 9.21mg 的 $C_3H_8O_3$。

3. 结果计算

按式（4-3）计算甘油的含量。

四、问题与思考

1. 除用酸量法测量甘油含量外，还可以采用哪些方法？
2. 如何判断试样 α-多羟基醇已和高碘酸反应完全？
3. 酸量法测 α-多羟基醇是否可推导出计算结果的通式？

五、检查与评价

（一）选择题

1. 高碘酸氧化法可测定（　　）。

A. 伯醇　　B. 仲醇　　C. 叔醇　　D. α-多羟基醇

2. 高碘酸氧化法测甘油含量时，$n_{甘油}$ 与 $n_{Na_2S_2O_3}$ 之间的化学计量关系为（　　）。

A. $n_{甘油}=1/2n_{Na_2S_2O_3}$　　B. $n_{甘油}=1/3n_{Na_2S_2O_3}$

C. $n_{甘油}=1/4n_{Na_2S_2O_3}$　　D. $n_{甘油}=n_{Na_2S_2O_3}$

（二）计算题

1. 用高碘酸氧化法测甘油，样品测定与空白测定分别消耗 0.1000mol·L^{-1} $Na_2S_2O_3$ 标液 25.05mL 和 30.05mL，样品质量为 15.00mg，求甘油的含量？

2. 用高碘酸氧化法测定甘露糖醇 [$CH_2OH(CHOH)_4CH_2OH$](M=182.2g·mol^{-1})，样品测定和空白测定所消耗的 0.1000mol·L^{-1} $Na_2S_2O_3$ 标准溶液的体积分别为 5.04mL 和 25.04mL，样品的质量为 37.00mg。求样品中甘露糖醇的百分含量。

任务三　动物油皂化值测定

一、工作任务书

“动物油皂化值测定”工作任务书

工作任务	某企业产品动物油脂的皂化值测定
任务分解	1. 复习电子天平的使用； 2. 复习恒温水浴的使用； 3. 学习水解蒸馏装置的安装及使用； 4. 学习皂化值、酯值、酸值结果计算
目标要求	**技能目标** 1. 能够规范地使用酸式及碱式滴定管，能够正确读数； 2. 能够使用电子天平，进行直接法及减量法称量； 3. 能够正确安装回流冷凝装置； 4. 会利用酚酞指示剂判断滴定终点； 5. 能够按照给定的程序对动物油皂化值进行测定，得到需要的数据； 6. 能够进行检测结果计算，知道皂化值、酯值、酸值三者的关系 **知识目标** 1. 能知道常用的酯类水解剂； 2. 能说出酯类皂化水解速率的影响因素； 3. 能掌握碱性水解法（皂化法）测酯含量的原理和方法
学生角色	企业化验员
成果形式	学生原始数据单、检验报告单、知识和技能学习总结
备注	执行标准：GB/T 5534—2008《动植物油脂　皂化值的测定》

二、工作程序

（一）查阅相关国家标准

见项目一中任务一。

（二）问题导入

1. 酰化回流装置如何安装及使用？
2. 酯值、皂化值、酸值分别表示什么？它们三者之间的关系是什么？
3. 在测量时，如果预先用碱中和了样品中的游离酸，则测量出的值是皂化值还是酯值？
4. 为什么在浓碱中有时酚酞会不显示颜色？
5. 反应中为何要使用浓碱？

（三）知识与技能的储备

1. 皂化值和皂化反应

油脂皂化值的定义是：皂化 1g 油脂中的可皂化物所需氢氧化钾的质量，单位为 mg·g^{-1}。

可皂化物一般含游离脂肪酸及脂肪酸甘油酯等。皂化值的大小与油脂中所含甘油酯的化学成分有关，一般油脂的相对分子质量和皂化值的关系是：甘油酯相对分子质量愈小，皂化值愈高。另外，若游离脂肪酸含量增大，皂化值随之增大。

油脂的皂化值是指导肥皂生产的重要数据，可根据皂化值计算皂化所需碱量、油脂内的脂肪酸含量和油脂皂化后生成的理论甘油量三个重要数据。

油脂在碱性溶液中的水解反应称为皂化反应。皂化法是测定油脂中可皂化物最常用的方法。皂化反应是双分子反应，反应速率较慢，为了达到定量测定的目的，必须加快皂化反应速率并使之反应完全。皂化过程是氢氧根离子对酯分子的作用，显然，氢氧根离子浓度愈大，皂化反应速率就愈快，愈容易达到完全。但是碱的浓度也不能过大，否则将造成最后测定的困难及增大测定误差。皂化速度与酯的浓度成正比，但是大部分酯类都不溶于水，为了使反应能迅速进行，应该选择对酯类有较好溶解性能的溶剂。温度对皂化反应有很大影响，一般温度升高 10℃，反应速率可增快 2 倍。

酯的皂化除首先考虑皂化的温度、时间、溶剂和碱的浓度外，在采用乙醇等低沸点溶剂时，还应注意醇解的影响。即当酯溶于某一个醇中时，这个醇将取代酯中的醇，达到某一浓度时反应始达平衡。

$$RCOOR'+C_2H_5OH \longrightarrow RCOOC_2H_5+R'OH$$

由于酯的交换反应而生成挥发性的酯如乙酸乙酯等，将使测得值偏低。故必须使用非常好的冷凝器进行回流加热。

2. 皂化-回滴法

(1) 测定原理　试样用过量的碱溶液皂化后，再用酸标准溶液滴定过量的碱，在相同条件下做空白试验。

$$RCOOR'+KOH \longrightarrow RCOOK+R'OH$$

$$KOH+HCl \longrightarrow KCl+H_2O$$

由空白滴定和试样滴定的差值，即可计算出样品消耗的碱的物质的量，从而计算出皂化值。

(2) 分析结果计算　从皂化值的定义可看出，皂化值包括两部分，一部分是样品中的酸消耗的碱的物质的量，一部分是样品中的酯消耗的碱的物质的量。在规定条件下，1g 试样中的酯所消耗氢氧化钾的毫克数称为酯值，1g 样品中的酸消耗的碱的物质的量称为酸值。则皂化值＝酯值＋酸值。如试样不含游离酸，则皂化值在数值上就等于酯值。测定酯值和酯含量时，如试样含有游离酸等，应先用碱中和，或测定酸值或酸含量后再进行计算或加以校正。

分析结果计算公式如下。

$$皂化值=(V_0-V)c\times56.11/m \tag{4-4}$$

式中　V_0——空白试验消耗盐酸标准溶液的体积，mL；

V——试样消耗盐酸标准溶液的体积，mL；

c——盐酸标准溶液的浓度，$mol\cdot L^{-1}$；

m——试样的质量，g。

$$酸值=Vc\times56.11/m \tag{4-5}$$

式中　V——滴定游离酸消耗氢氧化钾标准溶液的体积，mL；

c——滴定游离酸所用氢氧化钾标准溶液的浓度，$mol \cdot L^{-1}$；

m——滴定游离酸所取试样的质量，g。

若用同一份试样先用碱中和游离酸后，再进行皂化，则酯值就等于皂化值。

(3) 干扰因素　试样中有醛存在时，不能用碱皂化法直接测定酯。因为在皂化时醛会消耗碱。此时应先加入适量羟胺，使之反应生成肟，再用碱皂化法测定酯。酰胺遇碱水解生成羧酸盐，影响测定结果。

皂化水解法测油脂操作简便快速，广泛应用于食品、油脂等工业中。由于皂化时碱液浓度较大（常为 $0.5mol \cdot L^{-1}$），致使用酸回滴时，滴定误差较大。

（四） 读懂检测方案

油脂的皂化值是衡量油脂质量的重要指标。油脂除为人类生命活动提供需要的能量和不饱和脂肪酸外，还是重要的化工原料，大量用于肥皂生产和油漆、润滑油制造等工业中。油脂的主要成分为高级脂酸与甘油形成的酯，可以被酸或碱定量皂化。国家标准中规定测定油脂皂化值是利用酸碱中和法，将油脂在加热条件下与一定量过量的氢氧化钾-乙醇溶液进行皂化反应，剩余的氢氧化钾以酸标准溶液进行返滴定。并同时做空白试验，求得皂化油脂耗用的氢氧化钾量，即皂化值。

三、 测定方案实施

（一） 仪器与试剂

恒温水浴；滴定管（50mL)；锥形瓶（250mL)；移液管（25mL)；电子天平。

氢氧化钾乙醇溶液（$0.5mol \cdot L^{-1}$，28.1g 氢氧化钾溶于 1L 95%的乙醇中，静置后用虹吸法吸出清液，以除去不溶的碳酸盐，并避免空气中的二氧化碳进入溶液而形成碳酸盐)；$0.5mol \cdot L^{-1}$ 盐酸标准溶液；酚酞指示剂 [$\rho = 0.1g \cdot (100mL)^{-1}$，95%的乙醇溶液]；玉米油。

（二） 检测步骤

1. $0.5mol \cdot L^{-1}$ 盐酸标准溶液制备

(略)。

2. 样品测定

称取已除去水分和机械杂质的玉米油 3～5g（如为工业脂肪酸，则称 2g，称准至 0.0001g)，置于 250mL 锥形瓶中，准确放入 50mL 氢氧化钾乙醇溶液，接上回流冷凝管，置于恒温水浴中沸水加热回流 0.5h 以上，使其充分皂化。停止加热，稍冷，加酚酞指示剂 5～10 滴，然后用盐酸标准溶液滴定至红色消失为止。同时吸取 50mL 氢氧化钾乙醇溶液按同法做空白试验。

3. 结果计算

样品的皂化值按式（4-4）计算。

（三） 注意事项

(1) 如果溶液颜色较深，终点观察不明显，可以改用 $\rho = 10g \cdot L^{-1}$ 百里酚酞作指示剂。

(2) 皂化时要防止乙醇从冷凝管口挥发，同时要注意滴定液的体积，盐酸标准溶液用量大于 15mL，要适当补加中性乙醇。

四、问题与思考

1. 用皂化法测定酯含量有何优点？除了用碱作水解剂，还有哪些物质可做水解剖？
2. 用皂化法测定油脂含量时，哪些物质有干扰？应如何消除？

五、检查与评价

(一) 选择题

1. 中和 2g 某树脂需要氢氧化钾 20.5mg，则其酸值为（　　）。
   A. 20.5　　B. 10.2　　C. 5.25　　D. 10
2. 酯基的定量分析方法是（　　）。
   A. 皂化法　　B. 氧化法　　C. 中和法　　D. 沉淀法
3. 下列叙述正确的是（　　）。
   A. 皂化法测酯，可用皂化值和酯值表示结果　　B. 酯值包含游离酸所耗 KOH 的量
   C. 酯值＝酸值＋皂化值　　D. 皂化法测酯，碱的浓度越大越好

(二) 判断题

1. 皂化值等于酯值与酸值的和。（　　）
2. 酸值是指在规定的条件下，中和 1g 试样中的酸性物质所消耗的氢氧化钾的质量（毫克）。（　　）
3. 酯值是试样中总酯、内酯和其他酸性基团的量度。（　　）

(三) 计算题

1. 测定某乙酸乙酯试样。精称试样 0.9990g，加 20mL 中性乙醇溶解，用 0.0200mol·L^{-1} NaOH 标准溶液滴定，消耗 0.08mL。于上溶液中准确加入 50.00mL 0.50mol·L^{-1} KOH 乙醇溶液，回流水解后，用 0.5831mol·L^{-1} HCl 回滴，消耗体积为 24.25mL，空白试验消耗 HCl 标准溶液 43.45mL，计算试样中游离乙酸和乙酸乙酯的含量及酯值、皂化值和酸值。M_{KOH}＝56.11g·mol^{-1}，M_{CH_3COOH}＝60.05g·mol^{-1}，$M_{CH_3COOCH_3}$＝88.11g·mol^{-1}。

2. 某一分析纯酯样失去标签，已知通式为 $C_nH_{2n+1}COOC_2H_5$，今取样 0.1530g，以皂化-回滴法测其酯值，用 0.1000mol·L^{-1}的 HCl 标准溶液滴定，空白消耗 35.05mL，样品消耗 20.05mL，依此确定其物的分子式。

项目五　混合物分离及有效成分测定

任务一　羟基乙酸 R_f 值的测定

一、工作任务书

“测定羟基乙酸的 R_f 值”工作任务书

工作任务	某企业产品羟基乙酸 R_f 测定
任务分解	1. 学习展开剂的配制； 2. 学习毛细管点样技术； 3. 学习上行法及下行法的操作技术； 4. 学习利用展开结果测定物质的 R_f 值； 5. 学习根据 R_f 值做定性分析的方法
目标要求	**技能目标** 1. 能够正确选择配制展开剂及使用展缸； 2. 能够选择展开方式； 3. 能够进行样品的处理； 4. 能够按照给定的程序对羟基乙酸进行展开，得到需要的数据； 5. 能够正确测定展开距离，进行结果计算； 6. 能够了解 R_f 值和物质定性分析的关系及纸色谱的应用 **知识目标** 1. 了解有机混合物分离提纯的方法、原理； 2. 了解色谱法的分类方法； 3. 熟悉色谱法的分离机理； 4. 了解色谱纸、展开剂的选择； 5. 掌握色谱法中比移值的概念及测定方法； 6. 熟悉纸色谱分离有机混合物的操作步骤； 7. 熟悉比移值和有机化合物定性鉴定的关系
学生角色	企业化验员
成果形式	学生原始数据单、检验报告单、知识和技能学习总结
备注	2010 版《中华人民共和国药典》

二、工作程序

（一）查阅相关国家标准

见项目一中任务一。

（二）问题导入

1. 常用的分离方法有哪些？各适用于什么类型的样品？

2. 物理分离法和化学分离法各自的分离依据是什么？
3. 如何使样品充分分离？
4. 纸色谱法的基本原理是什么？
5. 如何选择色谱纸和展开剂？
6. 在展开时为何要用展开剂的蒸气饱和色谱缸？
7. 纸色谱如何点样、展开？
8. 若样品没有颜色，应如何选择显色剂？
9. 为什么用比移值作定性分析时要严格控制展开条件？

（三）知识与技能的储备

1. 分离方法的分类

天然有机物和人工合成的有机物一般都是多种物质的混合物。因此，在测定其中某一成分时，其他组分往往会产生干扰，不仅影响分析结果的准确度，甚至无法进行测定。为了消除干扰，比较简便的方法是控制分析条件或采用适当的掩蔽剂。但是在许多情况下，仅仅控制分析条件或使用掩蔽剂，并不能消除干扰。这时必须根据试样的具体情况，选择适当的分离方法，把干扰组分分离除去，然后进行定量测定。

有机混合物分离，是有机化合物分析的重要内容。分离是将混合物的各组分逐个分开。有机混合和物的种类繁多，性质各异，如果要将其分开，单靠一种通用方法显然不太可能，因此针对化合物的物理及化学性质发展出了一系列的分离方法。将这些分离方法归纳总结为物理分离法和化学分离法两大类。分离时根据各组分之间化学性质的不同、极性的差别及挥发性的不同，选择适当的方法进行分离。

物理分离法是利用有机物挥发性、溶解性等的差别进行分离的方法。常用的物理分离方法有蒸馏法、萃取法、重结晶法和升华法。

有些有机混合物中的各组分的物理性质十分接近，采用物理分离法难以达到分离目的，就必须根据各组分的化学性质，加以化学处理，使组分转变为性质差异较大的化合物，然后进行分离。

当混合物中各组分的性质差异十分微小，又缺少适当方法将各组分转变为性质差异较大的化合物，例如邻、间、对二甲苯的分离，石油产品的分离测定，氨基酸、蛋白质的分离等，一般的物理，化学分离法无法分离，应该考虑采取色谱法进行分离测定。

2. 色谱法发展及分类

色谱法又称色层分析法、层析法。它是近代有机分析中应用最广泛的分析方法之一，既可以用于有效地分离复杂混合物，又可以用来做物质的定性鉴定及定量分析，尤其适合于少量物质的处理。

色谱法是由俄国植物学家茨维特于 1903 年首先发明的。他在研究植物色素的组成时，把植物色素的石油醚提取液注入一根装有碳酸钙颗粒的竖直玻璃管中，一段时间后，在玻璃管中形成了不同颜色的谱带。他把这种分离方法命名为色谱法。“色谱”一词由此得名。色谱法的研究在 20 世纪 30 年代后迅速发展，纸色谱、薄层色谱的出现及各种色谱法分离机理的研究使色谱法在各个领域得到广泛应用。

色谱法属于物理化学分离分析方法，在有机物的分析中，已经在其基础上发展了许多准确而灵敏的分离及测定方法。其中按固定相的性质可分为柱色谱、纸色谱和薄层色谱。柱色谱又可分为两大类，一类是将固定相装入色谱柱内，称为填充柱色谱；另一类是固定相涂在毛细管柱内壁，称为毛细管柱色谱。纸色谱是以纸作为载体，以纸纤维吸附的水分（或其他物质）为固定相，通过流动相的流动展开达到分离目的。薄层色谱是把吸附剂均匀地铺在玻璃板上形成薄层作为固定相，外加有机溶剂为流动相而进行分离的方法。本教材只介绍纸色谱和薄层色谱。

3. 纸色谱法

(1) 基本原理　纸色谱是在一张滤纸（色谱纸）上，一端点上欲分离的试液，然后把色谱纸悬挂于色谱筒内，如图5-1所示。使展开剂（流动相）从试液斑点一端，通过毛细管虹吸作用，慢慢沿着纸条流向另一端，从而使试样中的混合物得到分离。如果欲分离物质是有色的，在纸上可以看到各组分的色斑；如为无色物质，可用其他物理的或化学的方法使它们显出斑点来。

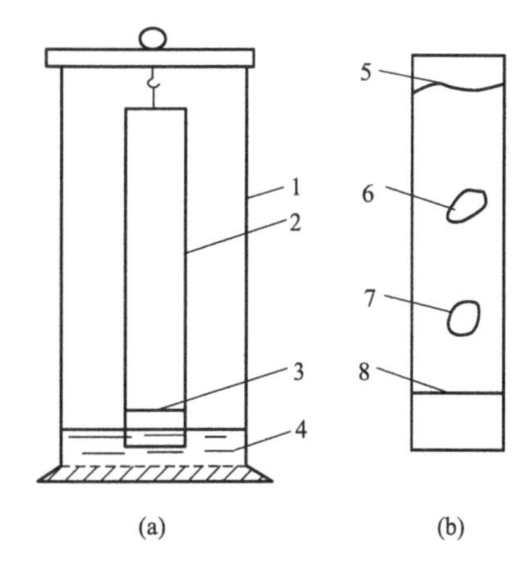

图5-1　色谱筒及纸色谱图谱

1—色谱筒；2—色谱纸；3—点试液处（原点）；4—展开剂；5—溶剂前沿；6,7—样品点

纸色谱是一种分配色谱，以色谱纸（滤纸）作为支持剂，滤纸纤维素吸附着的水分或甲酰胺、缓冲溶液等为固定相。纸纤维上的羟基和部分吸附物以氢键形式缔合，在一般条件下难以脱去。纸色谱所用的展开剂，可以是与水不相溶的溶剂，也可以是与水混溶的溶剂。展开时，溶剂在滤纸上流动，试样中各组分在两相中不断地分配，由于各物质在两相中的分配系数不同，因而它们的移动速率也就不相同，从而达到分离的目的。

(2) 比移值（R_f）及其影响因素

① 比移值　试样经分离后，常用比移值（R_f）来表示各组分在色谱中的位置。如果样品点在色谱纸一端的3点，经展开后，样品中的某组分移动至6点或7点，溶剂的前沿到达5点，则样品中某组分移动的距离 b 和溶剂移动的距离 a 的比值，称为该物质的比移值（图5-1）。

$$\text{比移值}(R_f)=b/a \tag{5-1}$$

式中　a——溶剂移动的距离，或原点至溶剂前沿的距离，cm；

b——被分离样品移动的距离，或原点至样品斑点中心的距离，cm。

R_f 值在0～1之间，当 $R_f=1$ 时，表示该组分随展开剂上升至溶剂前缘，即溶质没有进入固定相。$R_f=0$ 时，表示该组分不随展开剂移动，仍在原点位置，即溶质在流动相中几乎不溶解。R_f 值的大小主要决定于物质在两相间的分配系数。当分配系数不同时，物质的移动速度也不同，但是原点至溶剂前沿的距离相同，所以，不同物质在条件一定时，有不同的 R_f 值。物质的 R_f 值是其特性常数，可以作定性鉴定的依据。不同物质的 R_f 值相差越大表示越容易分离。

② 影响 R_f 值的因素　用 R_f 值作物质定性鉴定的依据，则其必须在相同的条件下测定，其值才有意义。影响 R_f 值的主要因素有pH值、温度、色谱纸性质、展开距离、展开剂蒸气饱和程度及共存物质的性质。

(3) 展开条件的选择　为了获得良好的分离效果和重现性较好的 R_f 值，必须适当选择和严格控制展开条件。

① 色谱纸的选择　纸色谱中使用的色谱纸应质地均匀，平整无折痕，边缘整齐，以保证展开速度均匀；色谱纸要纯净，表面洁白无污点，不含影响展开效果的杂质，也不应与所用显色剂起作用；色谱纸纤维松紧适宜，对溶剂的渗透速度适宜，渗透速度太快易引起斑点拖尾，影响分离效果，太慢则耗费时间太长；色谱纸应有合适的机械强度。

② 展开剂的选择　展开剂的选择往往是分离成败的关键，在选用溶剂系统时，可参考以下几点。

a. 选用几种成分的混合溶剂，并且多采用水饱和的两种或几种溶剂配成的混合溶剂，比使用单一展开剂分离效果更好；

b. 被分离物质各组分的 R_f 值最好在 0.4～0.6 之间；

c. 溶剂系统中每一组分与被分离物质均不发生化学反应；

d. 分离物质在溶剂系统中分配比例恒定，重现性好，不易受温度变化的影响，这样易于得到圆形斑点；

e. 尽可能使用挥发性好的溶剂作展开剂，易于挥发干燥。

展开剂的选择要从欲分离物质在两相中的溶解度和展开剂的极性来考虑。在展开剂中溶解度较大的物质将会移动得较快，因而具有较大的 R_f 值。对极性化合物来说，增加展开剂中极性溶剂的比例量，可以增大 R_f 值，增加展开剂中非极性溶剂的比例量，可以减小 R_f 值。

常用的溶剂有石油醚、苯、乙醚、氯仿、乙酸乙酯、正丁醇、丙酮、乙醇、甲醇、水、吡啶、乙酸。它们的极性按上列顺序增强。

(4) 显色剂选择　显色剂的主要作用是使被分离的组分在色谱纸上显色。混合物被分离后，如果样品本身具有明显的颜色，分离出的样品点可直接观察。但在大多数情况下，样品本身没有颜色，必须进行显色。常用的显色方法有物理显色法和化学显色法。

① 物理显色法　有些物质本身有荧光，可在日光或紫外光照射下显示出各种颜色的荧光斑点，而有些物质能吸收 240～260nm 的紫外线，当用这种波长的紫外灯照射时，使样品呈现出暗色斑点，然后再使用化学显色剂使其显色。

② 化学显色法　一些显色剂可以与样品组分发生显色反应，用喷雾器将适当的显色剂喷在已展开的色谱纸上，样品色斑即可显现出来。不同的物质可使用不同的显色剂，如氨基酸可用茚三酮作显色剂，有机酸可用溴甲酚绿无水乙醇溶液作显色剂。

(5) 纸色谱的操作方法

① 点样　固体样品应溶于易挥发的与展开剂极性相似的溶剂中，配成一定浓度的试液。液体试样，一般可直接点样。

点样量与色谱纸的长短、厚薄、展开时间以及被分离物质的性质及显色剂的灵敏度等有关。一般为几微克到几十微克。因此试液浓度要合适，太浓则斑点易拖尾，太稀则不易检出。如试液较稀，可反复点样，点一次必须用冷风或温热的风吹干，然后再点第二次，应注意不能吹得太干，否则试样会吸牢在纸纤维上，展开时易形成拖尾。多次点样时，每次点样的位置应与第一点完全重合，否则会出现斑点畸形。原点越小越好，一般直径以 2～3mm 为宜。

点样时首先在距纸一端 3～4cm 划一直线，在线上表示出点样位置。用内径约为 0.5mm、两端开口、管口平整的玻璃毛细管，或用微量注射器，轻轻接触于滤纸的基线上，各点间距应在 2cm 以上，以免相互干扰。

② 展开　展开应在密闭容器中进行。将按比例配好的展开剂装入容器中，使展开剂蒸气充分饱和。再将点好样的色谱纸，在展开剂饱和的色谱缸中放置一定时间，使滤纸为蒸气所饱和，然后再浸入展开剂展开。展开方式通常有上行法和下行法，如图 5-2 所示。上行法让展开剂自下向上扩展，这种方式展开速度较慢。下行法是把试样点在滤纸条接近上端处，而把纸条的上端浸入展开剂的槽中，槽放在架子上，槽和架子整个放在色谱缸中，展开时展开剂沿着滤纸条逐渐向下移动。这种展开方式速度快，但 R_f 值的重现性较差，斑点也易扩散。

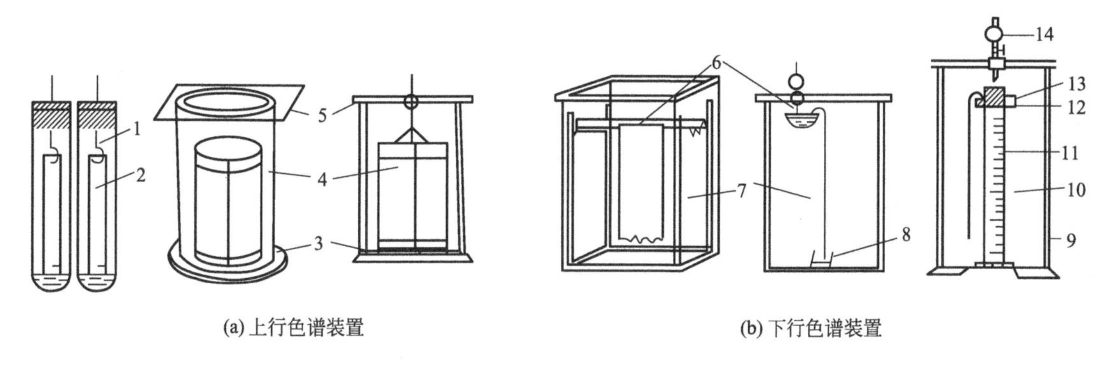

图 5-2　色谱装置

1—悬钩；2—滤纸条；3—展开剂；4—滤纸筒；5—玻盖；6—展开剂槽；7—滤纸；8—回收展开剂槽；9—标本缸；10—色谱滤纸；11—量筒（作支架）；12—展开剂皿；13—玻璃压件；14—分液漏斗

对于成分复杂的混合物可用双向展开法。即在一张方形滤纸的一角点上试液，先用一种展开剂展开，然后将滤纸倒转 90°，再用另一种展开剂做第二次展开，如图 5-3 所示。双向展开也可分上行法和下行法两种。它的点样量应比单展开多两倍左右。

还可以利用圆形滤纸进行环形展开。试样点在圆形色谱纸的中央、直径约为 20mm 的圈线（基线）上，展开剂沿色谱纸中央小孔中的纸芯因毛细管作用上升，然后流经试样原

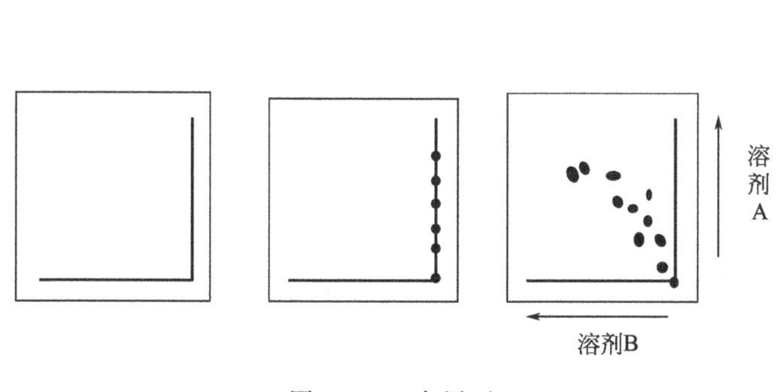

图 5-3　双向展开

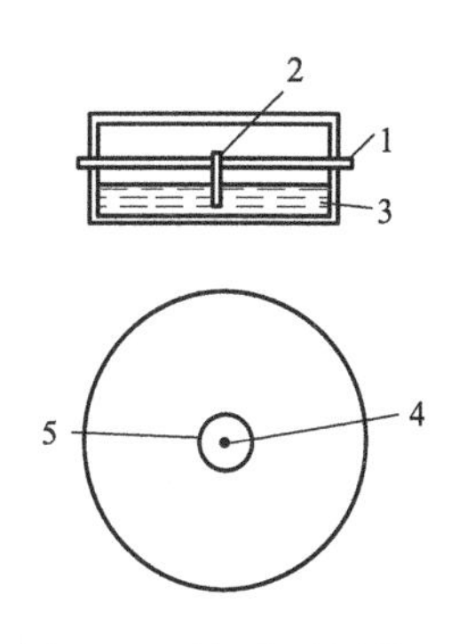

图 5-4　环行法展层装置

1—色谱纸；2—纸芯；3—溶剂；4—小孔（2mm）；5—圆圈线（直径 20mm）

点，向四周展开，如图 5-4 所示。这种方法简便、快速，适于 R_f 值相差较大的各种组分的分离，亦可用来作试探性分析。

当混合物中的各组分性质较相近不易展开时，还可采用多次展开的方式。第一次展开后，将展开剂挥发。用此展开剂或换另一种展开剂再次展开，也可进行三次、四次展开，以得到良好的分离效果。

③ 显色　展层后，取出色谱纸，画好溶剂前缘标记。对于有色物质，展开后可直接观察到各色斑。对于无色物质，则应将适当的显色剂喷洒于已经吹干或晾干的色谱纸上，进行显色处理。

有些物质可以在紫外光下观察荧光或紫外吸收斑点，则不必使用显色剂。

(6) 定性分析　在一定的操作条件下，每种物质都有一定的 R_f 值，测量 R_f 值与手册对照。但应注意，手册中的数据是在一定条件下测得的，仅供参考。最好用标准品在同一张色谱纸上进行展开，比较它们的 R_f 值是否一致。用几种不同的展开剂，展开得出几个 R_f 值，若与对照标准品的 R_f 值均一致，结果才比较可靠。也可以把标准品与试样混合后点样，选用两种不同的展开剂展开后，如果两者不分离，则两者为同一物质。

当一个未知物在纸上不能直接鉴定时，可分离后剪下，洗脱，再用适当的方法鉴定。常采用与波谱分析的联用技术来进行定性鉴定。为了加大进样量，应将试样点成条状，色谱分离后，剪下欲鉴定的斑点，以适当的溶剂洗下斑点上的组分后，用紫外光谱法、红外光谱法或质谱法进行定性鉴定。

纸色谱定性是一种微量操作方法，取样量少，而影响因素多，必须严格遵守操作条件，同时多测几份试样，才能得到好的结果。纸色谱由于其操作条件限制，只用于样品的定性分析。

（四） 读懂检测方案

以色谱纸作为支持剂，滤纸纤维素吸附着的水分为固定相，以合适的有机溶剂为展开剂展开。展开剂在滤纸上流动，试样中各组分在固定相和展开剂两相中不断地分配，由于不同的物质在两相中的分配系数不同，因而它们的移动速率也就不相同，从而达到分离的目的。样品中某组分移动的距离 b 和溶剂移动的距离 a 的比值，称为该物质的比移值（R_f 值）。R_f 值的大小主要决定于物质在两相间的分配系数。当分配系数不同时，物质的移动速度也不同，但是原点至溶剂前沿的距离相同，所以，不同物质在条件一定时，有不同的 R_f 值。可用 R_f 值作为定性鉴定物质的依据。

三、 测定方案实施

（一） 仪器与试剂

硬质试管（30mm×200mm）；毛细管（0.5mm）；色谱纸（25mm×150mm）；玻璃喷雾器。

羟基乙酸乙醇液（1g 羟基乙酸溶于 100mL 无水乙醇中）；展开剂（①95％乙醇：苯＝9：1；②苯：95％乙醇＝9：1）；显色剂（0.1％溴甲酚绿乙醇溶液，滴加 10％氢氧化钠溶液，使溶液刚好变为蓝色）。

（二）检测步骤

1. 准备工作

取展开剂10mL倒入展缸中，密闭，使展缸内为展开剂蒸气饱和。

2. 点样

取25mm×150mm色谱纸，在距离底边2cm处划一基线，用毛细管取羟基乙酸乙醇液在基线中间点样，采用多次点样，随点随吹干，使试样原点直径小于0.5cm。

3. 展开

将点好样品的色谱纸悬挂在硬质试管中，饱和5min后下移，使色谱纸浸入展开剂中0.5cm，进行展开，当溶剂前沿距离顶端2cm时，停止展开取出，用铅笔划出前沿位置，用冷风吹干。

4. 显色

待展开剂挥发后，用玻璃喷雾器喷洒溴酚蓝显色剂，并用热风吹干。

5. R_f 值的测定及计算

用铅笔画出斑点轮廓，找出中心点，用直尺量出原点中心到斑点中心距离 b 及原点中心至溶剂前沿的距离 a，计算 R_f 值。

（三）注意事项

显色剂不能喷得太多，喷后应迅速吹干，否则斑点会发生扩散。点样量不宜过大，否则会产生拖尾现象。

四、问题与思考

1. 混合物一般采用哪些方法进行分离？
2. 纸色谱能否用于定量分析？
3. 如何测定比移值？它在有机物分析上有何应用？
4. 选择色谱纸型号时应考虑哪些因素？

五、检查与评价

（一）选择题

1. 进行纸色谱分离时，滤纸所起的作用是（　　）。
   A. 固定相　B. 展开剂　C. 吸附剂　D. 惰性载体
2. 在纸色谱中跑在距点样原点最远的组分是（　　）。
   A. 比移值最大的组分　B. 比移值小的组分
   C. 分配系数大的组分　D. 相对挥发度小的组分
3. 纸色谱中被分离组分与展开剂分子的类型越相似，组分与展开剂分子之间的（　　）。
   A. 作用力越小，比移值越小　B. 作用力越小，比移值越大
   C. 作用力越大，比移值越大　D. 作用力越大，比移值越小

4. 在纸色谱中定性参数 R_f 值的数值在（　　）之间。

A. 0～0.5　　B. 0～1　　C. 0.5～1　　D. 0.4～0.8

5. 用硅胶 G 的薄层色谱法分离混合物中的偶氮苯时，以环己烷：乙酸乙酯（9：1）为展开剂，经 2h 展开后，测得偶氮苯斑点中心离原点的距离为 9.5cm，其溶剂前沿距离为 24.5cm。偶氮苯在此体系中的比移值 R_f 为（　　）。

A. 0.56　　B. 0.49　　C. 0.45　　D. 0.25　　E. 0.39

（二）判断题

1. 如果两个物质的分配系数的比值为 1：2，则它们 R_f 值之比为 1：2。（　　）

2. 在纸色谱中，固定相是滤纸纤维，流动相是有机溶剂。（　　）

（三）计算题

1. 混合液中存在 A、B 两种物质，用纸上色谱分离法，它们的比移值分别为 0.45 和 0.63，欲使分离后，斑点中心之间相隔 2cm，问色谱纸应裁多长为好？

2. 在某纸上色谱分离中，以下各物质的比移值分别为：苯，0.5；苯胺，0.25；苯甲酸，0.03；苯酚，0.13，溶剂前缘移动 25cm，求各物质在色谱中的位置。

任务二　中药黄连中各组分含量测定

一、工作任务书

“中药黄连中各组分含量测定”工作任务书

工作任务	测定中药黄连中各组分的含量
任务分解	1. 学习薄层板的制备； 2. 学习样品的处理及点样方法； 3. 学习薄层扫描仪的使用方法； 4. 学习利用薄层分离结果对物质进行定性分析及定量结果的计算
目标要求	**技能目标** 1. 能够制备薄层板，并正确进行活化； 2. 能够使用电子分析天平称量微量样品； 3. 能够选择展开剂及展开方式； 4. 会对展开结果进行判断； 5. 能够按照给定的程序对中药黄连中的各种组分进行测定，得到需要的数据； 6. 能够进行薄层分离定量分析结果计算 **知识目标** 1. 了解有机混合物分离提纯的方法、原理； 2. 熟悉吸附薄层色谱法的分离原理； 3. 了解常见的吸附剂； 4. 了解展开剂及吸附剂的选择原则； 5. 掌握色谱法中比移值的概念及测定方法； 6. 熟悉比移值和有机化合物定性鉴定的关系； 7. 掌握分光光度法或薄层扫描法测定有机化合物含量的方法
学生角色	企业化验员
成果形式	学生原始数据单、检验报告单、知识和技能学习总结
备注	执行标准《中华人民共和国药典》2010 版

二、工作程序

（一）查阅相关国家标准

见项目一中任务一。

（二）问题导入

1. 薄层色谱法一般用甲醇、乙醇或丙酮而不用水作为溶剂，为什么？
2. 硅胶固定相对于被分离物质的吸附作用机理是什么？
3. 物质分子结构（基团）与保留值的大小有什么关系？
4. 硅胶薄层为什么既可以进行吸附色谱，也可以进行分配色谱？分别说明它们的作用机理？
5. 薄层色谱中选择展开剂的依据是什么？如何判断所选展开剂是否恰当？
6. 影响 R_f 值的因素很多，说出各种因素使 R_f 值发生改变的原因？
7. 对于无色试样，应怎样把个组分的斑点显现出来？
8. 薄层色谱有哪些定量分析方法？

（三）知识与技能的储备

1. 概述

薄层色谱法又称薄板层析法，是色谱分析中应用最普遍的方法之一。把吸附剂均匀地铺在一块玻璃板或塑料板上形成一定厚度的薄层并使其具有一定的活性，在此薄层上进行色谱分离，故称为薄层色谱。它具有展开快、分离效能高、灵敏度高、耐腐蚀等特点。因此在中药、农药等领域应用非常广泛。

2. 薄层色谱法的分类

薄层色谱按机理可分成吸附、分配、离子交换和凝胶渗透等。但以吸附薄层色谱法和分配薄层色谱法应用最多，其中分配薄层色谱法又可因移动相与固定相的相对极性差异分为正相分配薄层法和反相分配薄层法两种。固定相的极性强于流动相的极性，称为正相薄层色谱。在正相分配薄层色谱中，极性大的样品组分有较小的 R_f 值，极性较小的组分则有较大的 R_f 值；在反相薄层色谱中溶剂组分和吸附剂的作用以及样品组分的 R_f 值都与正相薄层色谱相反，极性大的组分在反相薄层中有较大的 R_f 值。

在分配色谱中吸附剂主要起载体的作用。常用的吸附剂有粉末状的纤维素、无活性硅胶或者是两者的混合物。

吸附薄层色谱是以吸附剂（固定相）和被分离物质之间的吸附作用为基础进行样品分离的薄层形式。主要吸附剂有硅胶和氧化铝，它们都有强烈的活性。依靠这些物质的毛细管作用使流动相运动，当样品中的一种组分比另一组分更强烈地被固定相吸附时，得到分离。分离的程度与吸附剂的比表面积有关，吸附剂比表面积越大，吸附能力越强。

3. 吸附薄层色谱基本原理

将欲分离的试样溶液点在薄层的一端，在密闭的容器中用适宜的展开剂展开。由于吸附剂对不同物质的吸附力大小不同，对极性大的物质吸附能力强，对极性小的物质吸附能力相应地弱，展开剂对不同物质的解吸能力也不同。因此，当展开剂流过时，不同的物质在吸附剂和展开剂之间发生连续不断地吸附、解吸附、再吸附、再解吸附。易被吸附或难解吸的物质，相对地移动得慢一些，而较难被吸附或易解吸的物质则相对地移动得快一些。经过一段时间的展开，不同的物质就彼此分开，最后形成互相分离的斑点。各个斑点在薄层中的位置用 R_f 值来表示。

4. 色谱条件的选择

吸附剂和展开剂的选择是薄层色谱分离能否获得成功的关键。它们和混合物本身的性质是影响分离的主要因素，必须根据欲分离物质的性质适当地选择使用。

(1) 吸附剂的选择　吸附剂一般应为粒度均匀的细小颗粒；具有较大的表面积和一定的吸附能力，与被分离物和展开剂不起化学反应，也不溶于展开剂中。

吸附剂的吸附能力强弱不仅决定于吸附剂本身，还和下列因素有关。

① 吸附能力（吸附活度）随水分增加而降低。如硅胶含水量超过 16%～18%时，其吸附能力最弱。氧化铝经高温处理，除去水分后吸附作用最强。吸附活度分为Ⅰ～Ⅴ级，Ⅰ级最大，Ⅴ级最小。

② 与欲分离物质的结构与性质（极性）有关。例如对于饱和烃几乎完全不被吸附，而对于不饱和化合物吸附能力较强，对具有共轭双键的化合物吸附能力更强。分子的极性越强，吸附力也越强。

常用的吸附剂如下。

① 氧化铝　氧化铝是一种吸附能力较强的吸附剂，具有分离能力强、活性可以控制等优点。由于略带碱性，适用于碱性或中性物质的分离，特别是用于生物碱的分离。色谱用的氧化铝一般为 200～300 目，黏合力强。氧化铝类吸附剂是国内薄层色谱常用的吸附剂。一般常用的是氧化铝 G（混有煅石膏的氧化铝）和氧化铝 GF_{254}（混有煅石膏和 254nm 紫外光照射下发荧光的物质）。

② 硅胶　硅胶能吸附脂溶性物质，也能吸附水溶性物质，吸附力较氧化铝稍弱。由于带微酸性，故适用于分离酸性及中性物质。如有机酸、氨基酸、萜类和甾体等。碱性物质与硅胶发生化学反应，因此，如果用中性溶剂展层时，碱性物质可能留在原点或斑点拖尾而不能有效地分离。

硅胶类吸附剂是最常用的吸附剂。一般常用的有硅胶 G、硅胶 GF_{254} 和没有加煅石膏的硅胶 H 等。其粒度为 200～250 目，纯度较高。硅胶的力学性能较差，使用时必须加入胶黏剂。

除硅胶和氧化铝吸附剂外，还有硅藻土（硅藻土 G、硅藻土 GF_{254}）、聚酰胺、纤维素等。硅藻土适于分离强极性物质如糖类、氨基酸等。聚酰胺分子内存在很多的酰胺键，可与酚类、酸类、醌类、硝基化合物等形成氢键，因而对这些物质有吸附作用。蔗糖和淀粉也可作吸附剂，但吸附能力太弱，很少使用。活性炭虽有较强的吸附能力，但不易解吸附，且本身呈黑色，因此也很少用于薄层色谱中。

(2) 展开剂的选择　适当的吸附剂和展开剂是薄层色谱能否获得良好分离的关键。但是常用的吸附剂只有几种，可供选择的种类不多，而展开剂的种类却很多，因此展开剂的选择就比吸附剂的选择更为复杂。展开剂如果选择不当，就会出现被分离物质被带到展开剂前缘，形不成斑点，或被留在原点或上升距离很小即 R_f 值很小，分离效果不好等。选择展开剂的主要要求是能最大限度地将样品组分分离。

薄层色谱所用展开剂主要是低沸点的有机溶剂，溶剂可以单独使用，也可以将几种溶剂混合后组成多元溶剂系统使用。单一溶剂的极性次序是：石油醚＜环己烷＜二硫化碳＜四氯化碳＜苯＜甲苯＜二氯甲烷＜氯仿＜乙醚＜乙酸乙酯＜丙酮＜正丙醇＜乙醇＜甲醇＜吡啶＜有机酸。常见混合溶剂系统的极性可参考表 5-1。要求所选的展开剂对薄层吸附剂有一定亲和力，能把被分离物从吸附剂表面解析下来，但又不能过强，否则被解析下来的物质不易再吸附。当单一溶剂不能满足要求时，需要采用混合溶剂，甚至加入第 3 种和第 4 种溶剂，组成多元混合溶剂，以改变展开剂的极性，调整展开剂的酸碱性，增加溶质的溶解度，达到良好的分离效果。混合展开剂要现用现配，否则在放置过程中，由于不同溶剂挥发性不同，会使溶剂的配比发生变化。

表 5-1　混合溶剂的极性（按洗脱能力增加排列）

1. 石油醚	13. 氯仿：乙醚(8：2)	25. 苯：乙醚(1：9)
2. 苯	14. 苯：丙酮(8：2)	26. 乙醚
3. 苯：氯仿(1：1)	15. 氯仿：甲醇(99：1)	27. 乙醚：甲醇(99：1)
4. 氯仿	16. 苯：甲醇(9：1)	28. 己醚：二甲基甲酰胺(99：1)
5. 环己烷：乙酸乙酯(8：2)	17. 氯仿：丙酮(85：15)	29. 乙酸乙酯
6. 氯仿：丙酮(95：5)	18. 苯：乙酸乙酯(1：1)	30. 乙酸乙酯：甲醇(99：1)
7. 苯：丙酮(9：1)	19. 环己烷：乙酸乙酯(2：8)	31. 苯：丙酮(1：1)
8. 苯：乙酸乙酯(8：2)	20. 乙酸丁酯	32. 氯仿：甲醇(9：1)
9. 氯仿：乙醚(9：1)	21. 氯仿：甲醇(95：5)	33. 二氧六环
10. 苯：甲醇(95：5)	22. 氯仿：丙酮(7：3)	34. 丙酮
11. 苯：乙醚(6：4)	23. 苯：乙酸乙酯(3：7)	35. 甲醇
12. 环己烷：乙酸乙酯(1：1)	24. 乙酸丁酯：甲醇(99：1)	36. 二氧六环：水(9：1)

在选择展开剂时，应根据展开剂的极性、被测物质的极性及吸附剂的活性三个方面来考虑。这三个方面既相互联系又相互制约，因此必须将它们三个综合起来考虑才能使样品组分得到很好的分离。它们的关系可用三角图形法（图 5-5）说明。

在选择展开剂时，先根据被分离物质的极性大小，将三角形的一个顶角固定，由其他两个顶角指向处选择吸附剂的活度和展开剂的极性。如中等极性物质(A)，应选用活度为Ⅱ～Ⅲ级的吸附剂(B)，则展开剂应选用中等极性的(C)。

如果被分离物质是非极性物质（A′），应该选用Ⅰ～Ⅱ级的吸附剂（B′），展开剂应选用非极性溶剂（C′）。

在展开剂选择中，若多种展开剂试验仍不能获得较好的分离效果，就应考虑改用另一种吸附剂进行试验。

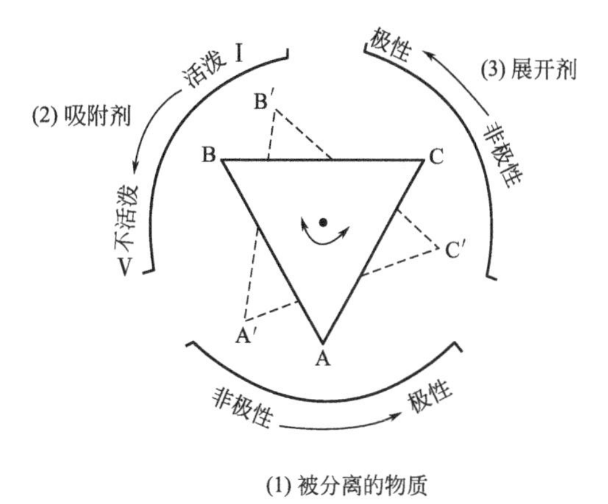

图 5-5　三角图形法选择展开剂

如果几种溶剂系统都能达到分离目的，就应该选用易挥发、黏度较小的。这样在展开后展开剂能很快挥发逸去，不致影响定性鉴定和定量测定。另外，还要考虑展开剂的毒性和价格。

(3) 操作方法　薄层色谱法的实验过程包括制板、点样、展开、显色、定性及定量分析六个步骤。

① 薄层板的制备　薄层色谱所用的玻璃板表面要光洁平整。铺层前应先用洗涤液浸洗，再用水冲净后，烘干。如沾有油污、水渍，应用脱脂棉蘸取丙酮或乙醇反复擦去。否则，湿法铺层时吸附剂不能均匀地分布和黏着在玻璃板上，干燥后易起壳、干裂、脱落。

常用的薄层板为硬板。

a. 硬板的制备　硬板用湿法涂布，即在加胶黏剂的吸附剂中，加入水或其他溶液调成糊状，涂布于玻璃板上，再经干燥、活化后再用。

常用的胶黏剂有羧甲基纤维素钠（CMC）、石膏、淀粉、聚乙烯醇等。通常大多使用羧甲基纤维素钠，它是一种黏结性很强的新型胶黏剂，一般是以水煮沸溶解为0.5%～1%的溶液使用。

湿法制板分调浆和涂板两步。

调浆是制板的一个重要环节，用水量多少与调浆时间不仅关系到浆料的稠度，而且也影响薄层厚度，一般吸附剂（硅胶G、氧化铝G等）与蒸馏水或CMC溶液的比例为(1∶2)～(1∶2.5)为宜。调浆时要调和均匀，不要用力过猛而产生大量气泡，致使薄层涂布不均匀而影响分离效果。

涂板可用的三种方法如下。

(ⅰ) 倾注法　将调好的浆液倾于玻璃板上并大致摊开，然后将玻璃板前后左右倾斜，使浆液淌满整块玻璃板，再轻轻振动，使薄层较为均匀。

(ⅱ) 刮层法　在水平台面上，放上2mm厚的玻璃板C，两边用3mm厚的长条玻璃A、B作边，根据所需薄层厚度（一般控制在0.5～1mm之间），可在中间玻璃板下面垫塑料薄膜；将调好的吸附剂糊倒在玻璃板上，用有机玻璃尺或边缘平直光滑的玻璃条，沿一定方向，均匀地一次将糊刮平，使成薄层，去掉两边的玻璃，轻轻振动薄层板，即得均匀的薄层（图5-6）。

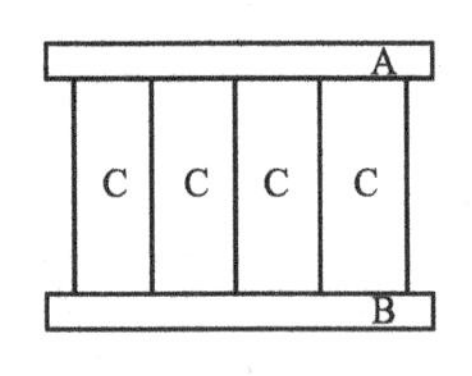

图5-6　刮层法铺层图

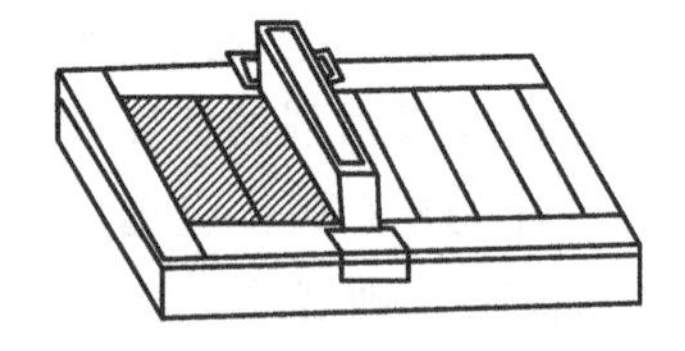
图5-7　涂铺器铺层图

(ⅲ) 涂铺器铺层法　涂铺器种类较多，构造也较复杂。常用的涂铺器见图5-7。使用器械涂铺的薄层，厚度均匀一致。

b. 活化　涂好的薄层板要进行活化。活化的目的是使其失去部分或全部水分，具有一定的活度（吸附能力）。薄层的活化条件见表5-2。活化时间长短应视薄层的厚度和所需活度而定，分离某些易吸附的化合物时，可不活化。

表 5-2　湿法制板方法及活化条件

薄层的类别	吸附剂比水的用量	活　　化
硅胶 G	1∶2 或 1∶3	110～130℃，1h
硅胶 G	1∶2(用 0.7%CMC 溶液)	110℃，30min
氧化铝 G	1∶(1～3)	80℃，30min
硅藻土 G	1∶2	110℃，30min

活化好的薄层板放在盛有无水氯化钙或变色硅胶的干燥器中保存，一周内使用，超过一周应再次活化。

② 点样　将试样用适当的溶剂（一般用乙醇、丙酮、氯仿等，不宜用水）溶解，制成 0.5%～1%的试液。点样量要根据薄层厚度、试样和吸附剂性质、显色剂的灵敏度以及定量测定的方法等，通过试验来确定。点样的方法与纸色谱相似。点样时切勿戳破薄层，以免影响色谱效果。操作要力求迅速，防止薄层吸湿而降低活性。点样后要用冷风或热风吹去溶剂。

③ 展开　和纸色谱相似，薄层色谱在密闭的色谱缸中，用上行法或下行法近垂直方向展开。如图 5-8 所示。

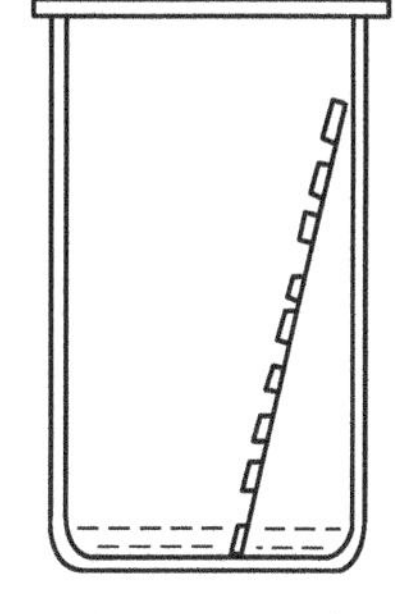

图 5-8　近垂直方向展开

展开时先将展开剂放入色谱缸内饱和，使液层厚度为 5～7mm。然后将已点好试样的薄层板放入缸内，使薄层浸入展开剂中约 5mm。薄板上的原点不得浸入展开剂中。待展开剂前缘达一定距离，或色斑已明显分离时（一般展开距离为 10～15cm），展开可以终止。取出后，在前缘做出标记，待展开剂挥发后（可用热风吹干），进行定性检出或定量测定。

④ 显色　常用的显色方法有三类，在紫外光下观察、以蒸气熏蒸显色以及喷以各种显色剂。

采用硅胶 GF_{254} 铺成薄层，放在紫外光下观察时，在紫外光照射下整个薄层呈现黄绿色荧光，斑点部分呈现暗色，非常明显。

利用蒸气熏蒸显色时，常用的试剂有固体碘、浓氨水、液体溴。在密闭的容器中用碘蒸气熏蒸，多数有机物能显示黄到暗褐色斑点。但注意，显色后在空气中放置时，颜色会渐渐褪去。

用于纸层的显色剂同样可用于薄层显色，且薄层还可用浓硫酸或 50%硫酸等腐蚀性显色剂，多数有机物，喷此种显色剂后立即或加热到 110～120℃并经数分钟后，出现棕色到黑色斑点。

软板应该是由色谱缸中取出后，立即喷洒显色剂，以免吸附剂干燥后，显色时被吹散，破坏色层谱。硬板则在干燥后喷洒。

⑤ 定性分析　显色后可以根据各个斑点在薄层上的位置计算出 R_f 值，然后与文献记载的 R_f 值比较以鉴定物质。但是薄层色谱 R_f 值的影响因素很多，重现性较差，文献上查到的 R_f 值只能供参考。

为了解决 R_f 值重现性的问题，应用待测化合物的纯品作对照，在两种或两种以上展开剂中同时展开，若未知物的 R_f 值与已知纯品的 R_f 值都相同，即可肯定两者为同一物。

⑥ 定量分析　色谱展开后进行定量测定，可以应用以下几种方法。

a. 目视比较半定量法　将试液与一系列不同浓度的标准溶液并排点于同一薄层上，色谱展开后比较薄层上斑点的面积及颜色深浅，可以估计某组分的大概含量。这种方法属于半定量方法，适用于试样中杂质含量控制的限量分析。

b. 洗脱法　确定被测组分的斑点位置，将斑点连同吸附剂一起取下，选择适当的溶剂将被测组分洗脱下来，然后进行定量测定。因为色谱点样量一般为数十微克到数百微克，展开洗脱后某种组分的量就更少，所以一般采用比色法或紫外分光光度法测定。对于有色的或有紫外吸收的组分，在收集洗脱液并稀释至一定体积后即可直接测定，测定时必须将薄层上与待测组分同一位置的吸附剂取下，用同种洗脱剂处理，制成空白洗脱液作参比溶液进行测定，若空白洗脱液空白值为零，就可用溶液作参比溶液。

无色或无紫外吸收的组分，可在洗脱后显色，稀释至一定体积后进行测定。

洗脱所用溶剂，应能溶解被测组分，又不干扰以后的测定。某些物质吸附性较强而不易洗脱时，需要用极性较大的洗脱液浸泡，多次洗以达定量洗脱。常用的溶剂有水、甲醇、乙醇、丙酮、氯仿、乙醚等。可用单一溶剂，也可用混合溶剂。

c. 薄层扫描法　薄层扫描法是用薄层扫描仪对色斑进行扫描检出，或直接在薄层上对色斑进行扫描定量。即以一定波长和一定强度的光束照射薄层板，对有紫外吸收和可见吸收的斑点，或经激发后能发射出荧光的斑点进行扫描，将扫描得到的图谱及积分数据作为物质鉴别、杂质检查和含量测定的方法。

薄层扫描法可根据薄层扫描仪的结构特点及使用说明，结合具体情况，选择可见紫外吸收法或荧光法，用双波长或单波长。由于影响测定结果的因素较多，故应保证被测组分的斑点在一定浓度范围内呈线性的情况下，将试液与对照溶液在同一薄层上展开后扫描进行比较并计算定量，以减少测定误差。

用薄层扫描仪直接扫描进行定量测定，速度很快，一般一个试样只需数分钟，而且灵敏度和准确度都较高。

(4) 薄层色谱具有以下优点。

① 快速、展开时间短，一般只需十几分钟至几十分钟。

② 分离能力强，斑点小而清晰。

③ 灵敏度高，能检出几微克至几十微克的物质，比纸色谱灵敏 10～100 倍。

④ 显色方便，能直接喷洒腐蚀性的显色剂，如浓硫酸等，可以高温灼烧。

⑤ 应用面广，可用于微量成分的分析，也可用于制备色谱。

正是由于薄层色谱具有上述优点，所以发展很快，应用广泛。不但科研部门把薄层色谱作为分离色谱的手段，许多工厂也已把薄层色谱广泛应用在反应终点的控制、工艺条件的选择、产品质量检验和未知试样分析等各个方面。

(四) 读懂检测方案

薄层色谱法是色谱分析的一种，其分离原理与气相色谱法和高压液相色谱法相同。薄层色谱法将固定相（例如硅胶）均匀涂布在玻璃板上，将被分离物质的溶液点在薄层板的一端，置于展开室中，展开剂（流动相）借毛细作用从薄层点样的一端展开到另一端，在此过程中，不同物质由于与固定相的作用力不同，因而移动速度不同，经过一定时间之后，不同物质在薄层板上得到分离，呈现不同的斑点。

黄连（*Rhizoma Coptidis*）是毛茛科植物黄连（味连）、三角叶黄连（雅连）或云连（川连）的根茎，具有清热燥湿、清心除烦、泻火解毒等功效。黄连主要活性成分是小檗碱（berberine），《中华人民共和国药典》规定黄连中小檗碱以盐酸小檗碱计，不得少于3.6%。除了小檗碱之外，黄连中还含有黄连碱（coptisine）、巴马厅（palmatine）、药根碱（jatrorrhizine）、表小檗碱（epiberberine）和非洲防己碱（columbamine）等，分子结构见图5-9。

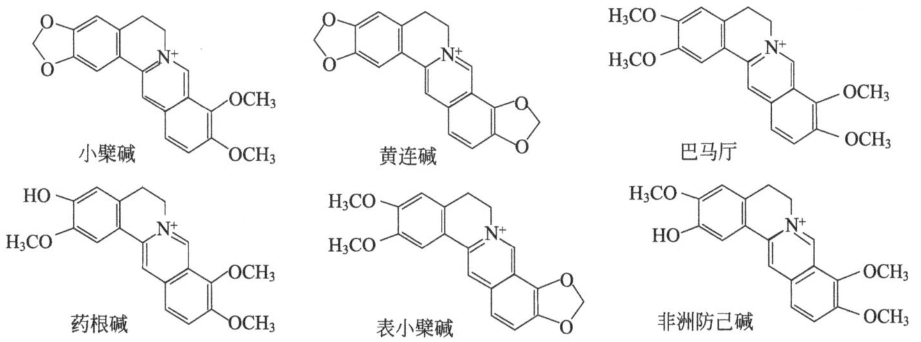

图5-9　黄连中各种生物碱的分子结构

由图5-9可见，六种生物碱的分子结构相似，故吸收光谱与荧光光谱性质相近，若直接用吸光光度法或荧光法测定黄连中小檗碱的含量，会存在组分间的干扰。因此，黄连中小檗碱的测定一般用薄层色谱法或液相色谱法等分离分析方法。

黄连提取液中的各种生物碱通过薄层色谱进行分离，形成若干斑点，在紫外光照射下，呈现绿色荧光。通过薄层荧光扫描，可以获得黄连样品的荧光色谱图。将色谱图中荧光斑点的保留值（比移值）与小檗碱对照品的保留值进行对比，可以识别样品色谱图中的小檗碱斑点，再通过测量荧光强度，即可实现样品中小檗碱的定量分析。

三、测定方案实施

（一）仪器与试剂

岛津CS-9301PC薄层扫描仪；ZF-2型三用紫外仪；玻璃色谱缸（10cm×10cm）；薄层板（硅胶G板，10cm×10cm）；定量毛细管（0.5μL、1.0μL、2.0μL）。

色谱展开剂[乙酸乙酯-氯仿-甲醇-浓氨水-二乙胺（10∶2∶2∶1∶0.5，体积比）]；小檗碱对照品溶液（用甲醇制成每毫升含0.020mg小檗碱的溶液）；中药黄连（味连、雅连、川连）样品溶液[精密称取干燥的药材（过40目筛）0.1000g于100mL烧杯中，加15mL甲醇，用保鲜膜把口封好，置40℃水浴中加热15min，冷却后定容至25mL的容量瓶中，加甲醇至刻度，再稀释十倍，作为样品溶液，浓度为每毫升相当于0.4mg药材]。

（二）检测步骤

（1）在色谱缸中加入展开剂，加盖放置，使色谱缸内被色谱展开剂蒸气饱和。

（2）在距薄层板底边15mm处用铅笔轻画点样线，然后用毛细管吸取小檗碱溶液0.5μL、1.0μL、1.5μL、2.0μL（分别含小檗碱0.01μg、0.02μg、0.03μg、0.04μg），自薄层板右边20mm处向左间隔10mm依次点样。吸取1.0μL黄连样品溶液，点样。

(3) 将薄层板浸入展开剂5～10mm，上行展开，展距约70mm时，取出，晾干。

(4) 将薄层板置于紫外仪（365nm）下，观察荧光斑点，确定样品中小檗碱的斑点，并标注出其位置，计算R_f值。

(5) 将薄层板置于薄层扫描仪上，对色谱条带逐个进行荧光反射线性扫描。仪器条件：光源为氙灯；光斑为0.4mm×5.0mm；激发波长345nm；滤光片为4号（K_{546}）。

(6) 由扫描出的小檗碱各斑点的积分荧光强度和对应的含量得出积分荧光强度-浓度标准曲线，根据标准曲线计算黄连样品中小檗碱的含量。

（三）注意事项

(1) 点样前，要根据样品数量精心设计点样位置并标记，以便于薄层扫描时定位。

(2) 毛细管要轻轻接触薄层板，避免划伤；点样时，不断用洗耳球吹干溶剂，使原点直径不大于2mm。

四、问题与思考

1. 为什么从文献查得的R_f值只能供参考？为了鉴定试样中的各组分，应该怎么办？

2. 用薄层色谱扫描仪在薄层上直接扫描定量的基本原理是什么？在这里能否应用朗伯-比尔定律？为什么？

3. 色谱用硅胶，有硅胶G、硅胶H、硅胶GF_{254}、硅胶HF_{366}等不同标号，这些分别表示什么？应用这些硅胶时应分别注意些什么？

五、检查与评价

（一）选择题

1. 试样中A、B两组分在薄层色谱中分离，首先取决于（　　）。

A. 薄层有效塔板数的多少　　B. 薄层展开的方向

C. 组分在两相间分配系数的差别　　D. 薄层板的长短

2. 在薄层色谱中，以硅胶为固定相，有机溶剂为流动相，迁移速度快的组分是（　　）。

A. 极性大的组分　　B. 极性小的组分

C. 挥发性大的组分　　D. 挥发性小的组分

3. 在薄层色谱中跑在距点样原点最远的组分是（　　）。

A. 比移值最大的组分　　B. 比移值小的组分

C. 分配系数大的组分　　D. 相对挥发度小的组分

4. 薄层色谱中被分离组分与展开剂分子的类型越相似，组分与展开剂分子之间的（　　）。

A. 作用力越小，比移值越小　　B. 作用力越小，比移值越大

C. 作用力越大，比移值越大　　D. 作用力越大，比移值越小

5. 用硅胶G的薄层色谱法分离混合物中的偶氮苯时，以环己烷-乙酸乙酯（9∶1）为展开剂，经2h展开后，测的偶氮苯斑点中心离原点的距离为9.5cm，其溶剂前沿距离为

24.5cm。偶氮苯在此体系中的比移值 R_f 为（　　）。

A. 0.56　　B. 0.49　　C. 0.45　　D. 0.25　　E. 0.39

6. 在薄层色谱中化合物斑点的 R_f 值是指（　　）。

A. 溶剂前沿移离薄层板底边的距离与化合物斑点移离薄层板底边的距离的比值

B. 溶剂前沿移离原点的距离与化合物斑点移离原点的距离的比值

C. 化合物斑点移离原点的距离与溶剂前沿移离原点的距离的比值

D. 化合物斑点移离薄层板底边的距离与溶剂前沿移离薄层板底边的距离的比值

7. 化合物 A、B、C 的极性大小顺序为 A＞B＞C，在硅胶薄层板上展开的顺序为（R_f 值由大到小）（　　）。

A. ABC　　B. BCA　　C. CBA　　D. ACB

8. 通常在薄层板展开前进行的“饱和”操作是为了（　　）。

A. 减小化合物的 R_f 值　　B. 减少边缘效应

C. 增大化合物的 R_f 值　　D. 增加化合物之间的分离度

9. 薄层板在展开时，（　　）。

A. 可以中途加入另一块薄层板同时展开

B. 色谱缸盖子不用密封

C. 可以中途补充展开剂

D. 色谱缸盖子应密封

10. 薄层点样时，（　　）。

A. 斑点的直径应大于 0.5cm

B. 斑点的直径应小于 0.5cm

C. 斑点的直径无要求

D. 斑点的直径应小于 0.1cm

（二）判断题

1. 如果两个物质的分配系数的比值为 1∶2，则它们 R_f 值之比为 1∶2。（　　）

2. 吸附薄层色谱分析中，极性大的被分离物质应选择活性强的吸附剂，极性小的展开剂。（　　）

3. 在吸附薄层色谱中，极性小的组分在板上移行速度较快，R_f 值较大。（　　）

4. 硅胶的含水量越多，级数越高，吸附能力越强。（　　）

5. 吸附剂和展开剂的选择是薄层色谱分离能否成功的关键，常用的吸附剂有氧化铝和硅胶。（　　）

（三）计算题

1. 在同一薄层板上将某样品和标准品展开后，样品斑点中心距原点 10.0cm，标准品斑点中心距原点 8.5cm，溶剂前沿距原点 16cm，试求样品及标准品的 R_f 值。

2. 在薄层板上分离 A、B 两种化合物，当原点距溶剂前沿的距离为 16.0cm 时，A、B 两斑点至原点的距离分 6.9cm 和 5.6cm，求两组分的 R_f 值。

任务三 丁醇异构体含量测定

一、工作任务书

"丁醇异构体含量测定"工作任务书

工作任务	丁醇异构体气相色谱归一化法定量测定
任务分解	1. 按照分析方法要求，制备标准溶液； 2. 配置仪器、选择最佳操作条件； 3. 运用面积归一化法完成定量测定
目标要求	**技能目标** 1. 掌握气相色谱仪开关机操作方法； 2. 根据样品分离情况选择最佳分离条件； 3. 掌握 TCD 检测器工作条件的设置 **知识目标** 1. 气相色谱法分析原理； 2. 掌握气相色谱法选择固定液、选择操作条件； 3. 掌握气相色谱定性分析方法； 4. 掌握气相色谱面积归一化定量方法
学生角色	企业化验员
成果形式	学生原始数据单、检验报告单、知识和技能学习总结
备注	参考 GB 28334—2012

二、前导工作

（一）查阅相关国家标准

见项目一中任务一。

（二）储备基本知识

1. 色谱方法及分类

（1）色谱法的创立　俄国植物学家茨维特（M. S. Tswett）在 1906 年研究植物色素的过程中，在一根玻璃管内先塞上团棉花然后在玻璃管中填充白垩粉（碳酸钙-吸附剂），形成一个吸附柱，如图 5-10 所示。用石油醚浸润后将磨碎的绿色植物叶子的石油醚提取液加在顶端，把石油醚装在分液漏斗中不断淋洗，经过一段时间后，植物叶子提取物中各种成分被分离开来，出现不同颜色的谱带。玻璃管中填充的白垩粉颗粒称为固定相，携带被分离的组分（色素）流过固定相的流体称为流动相。现在的色谱分析已经失去颜色的含义，只是沿用色谱这个名词。

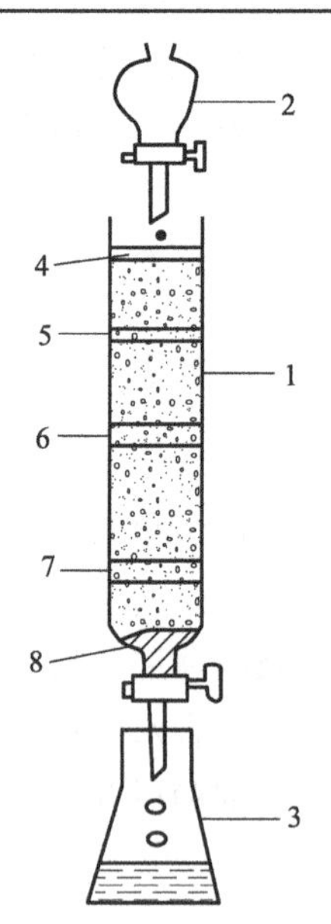

图 5-10　茨维特吸附色谱分离实验示意图

1—装有 $CaCO_3$ 的色谱柱；2—装有石油醚的分液漏斗；3—接收洗脱液的锥形瓶；4—色谱柱顶端石油醚层；5—绿色叶绿素；6—黄色叶黄素；7—黄色胡萝卜素；8—色谱柱出口填充的棉花

色谱方法的实质是利用不同物质在两相（固定相和流

动相）中具有不同的吸附能力（吸附系数不同）或不同的溶解能力（分配系数不同），当两相做相对运动时，这些物质在两相中进行反复多次的吸附、脱附或溶解、挥发，吸附能力强或溶解能力强的物质运动速度慢，吸附能力弱或溶解能力弱的物质运动速度快，从而经过一段距离后各物质便得以分离。

（2）色谱法的分类　色谱法有多种类型，从不同的角度出发可以有不同的分类方法。通常的习惯是按照下述三种方法进行分类的。

① 按固定相和流动相的物态分类，见表 5-3。

表 5-3　按固定相和流动相的物态分类

流动相	总称	固定相	色谱名称
气体	气相色谱(GC)	固体	气-固色谱(GSC)
		液体	气-液色谱(GLC)
液体	液相色谱(LC)	固体	液-固色谱(LSC)
		液体	液-液色谱(LLC)

② 按固定相使用和操作方式分类，见表 5-4。

表 5-4　按固定相使用和操作方式分类

固定相形式	柱		纸	薄层板
	填充柱	开口管柱		
固定相使用方式	在玻璃或不锈钢柱管内填充固体吸附剂或涂渍在惰性担体上的固定液	在弹性石英玻璃或玻璃毛细管内壁附有吸附剂薄层或涂渍固定液等	具有多孔和强渗透能力的滤纸或纤维素薄膜	在玻璃板上涂有硅胶 G 薄层
操作方式	液体或气体流动相从柱头向柱尾连续不断地冲洗		液体流动相从滤纸一端向另一端扩散	液体流动相从薄层板一端向另一端扩散
名称	柱色谱		纸色谱	薄层色谱

③ 按色谱分离过程的物理化学原理分类，见表 5-5。

表 5-5　按色谱分离过程的物理化学原理分类

名称	吸附色谱	分配色谱	离子交换色谱	凝胶色谱
原理	利用吸附剂对不同组分吸附性能的差别	利用固定液对不同组分分配性能差别	利用离子交换剂对不同离子亲和能力的差别	利用凝胶对不同组分分子的阻滞作用的差别
流动相为液体	液固吸附色谱	液液分配色谱	液相离子交换色谱	液相凝胶色谱
流动相为气体	气固吸附色谱	气液分配色谱		

目前，在仪器分析方法中应用最广泛的是气相色谱法和高效液相色谱法。

2. 气相色谱法的分析流程

气相色谱分析法是用气体作为流动相、液体或固体作为固定相的色谱方法。图 5-11 是气相色谱分析流程图。

气相色谱仪的工作原理是：高压钢瓶（或气体发生器）提供 N_2 或 H_2 等载气（载气是

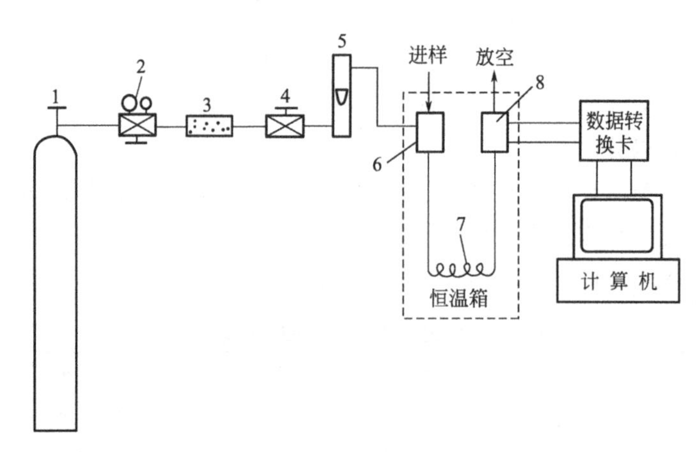

图 5-11　单柱单气路结构示意图

1—载气钢瓶；2—减压阀；3—净化器；4—气流调节阀；5—转子流量计；6—汽化室；7—色谱柱；8—检测器

用来输送试样且不与待测组分作用的惰性气体），经减压阀减压后进入净化管（用于除去载气中杂质和水分），再由稳压阀和针形阀分别控制载气压力（由压力表指示）和流量（由浮子流量计指示或电子流量计测量），然后通过汽化室进入色谱柱。待汽化室、色谱柱、检测器的温度以及基线稳定后，试样由进样器进入并被载气带入色谱柱。由于色谱柱中的固定相对试样中不同组分的吸附能力或溶解能力不同，因此造成不同的组分流出色谱柱的时间有差异，从而使试样中各种组分彼此分离，依次流出色谱柱，组分流出色谱柱后进入检测器。检测器将组分的浓度（$mg \cdot mL^{-1}$）或质量流量（$g \cdot s^{-1}$）转变成电信号，经过色谱工作站及计算机处理后，通过显示器或打印机即可得到色谱图和分析数据。

3. 气相色谱法的特点及应用

气相色谱法色谱柱分离效能非常好，检测器检测灵敏度非常高，能够分别对样品中各组分进行定性、定量分析。所以，气相色谱法具有分离效率高、灵敏度高、分析速度快、应用范围广等优点。

分离效率高是指它对性质极为相似的烃类异构体、同位素等有很强的分离能力，能分析沸点十分接近的复杂混合物。例如用毛细管柱可同时分析石油产品中 50～100 个组分。灵敏度高是指使用高灵敏度检测器可检测出 10^{-11}～10^{-13} g 的痕量物质。分析速度快是指一般情况下，气相色谱完成一个多组分样品的分析，仅需几分钟。目前气相色谱仪普遍配有计算机，能自动打印出色谱图、保留时间和分析结果，仪器使用更为便捷。

由于气相色谱法具有上述诸多优点，在科研、工业生产中得到广泛应用。它不仅可以分析气体，还可以分析液体和固体。只要样品在 450℃ 以下能汽化就可以用气相色谱法进行分析。

气相色谱法也存在不足之处。首先，分析无机物和高沸点有机物时比较困难，需要采用其他分析方法来完成；其次，气相色谱峰定性分析需要用已知纯物质的色谱图进行对照，从而使其定性功能受到制约。

4. 色谱流出曲线及常用术语

（1）色谱图与色谱流出曲线　色谱图是指色谱柱后流出物通过检测器时所产生的响应信号对时间或流动相流出体积的曲线图，如图 5-12 所示，也就是以组分流出色谱柱的时间

(t) 或载气流出体积 (V) 为横坐标、以检测器对各组分的响应值——电信号 (mV) 为纵坐标的一条曲线。由图 5-12 可以看到，色谱图上有一组色谱峰，色谱峰代表样品中的组分。

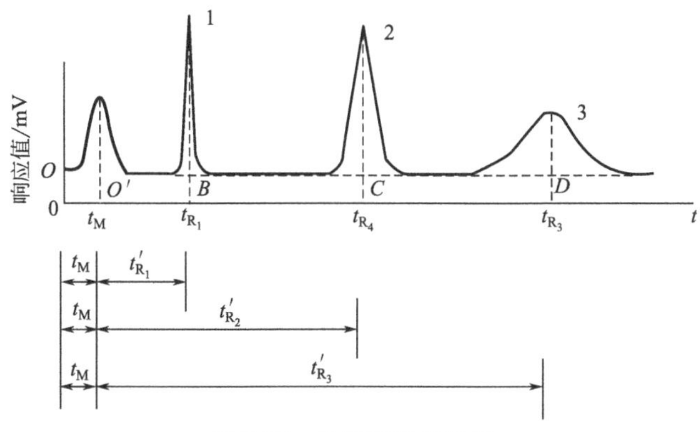

图 5-12　色谱流出曲线图

(2) 色谱术语

① 基线　仅有载气通过检测器时所产生的响应信号曲线称为基线。当纯载气进入检测器时，色谱流出曲线是一条只反映仪器噪声和漂移随时间变化的曲线。正常情况下，当仪器稳定后、操作条件变化不大时，稳定的基线应该是一条直线。图 5-12 中 OD 即为流出曲线的基线。

a. 基线噪声　指由各种因素引起的基线起伏，如图 5-13 中(a)、(b)、(c) 所示。

b. 基线漂移　指基线在较长时间内缓慢地变化，如图 5-13 中(d) 所示。

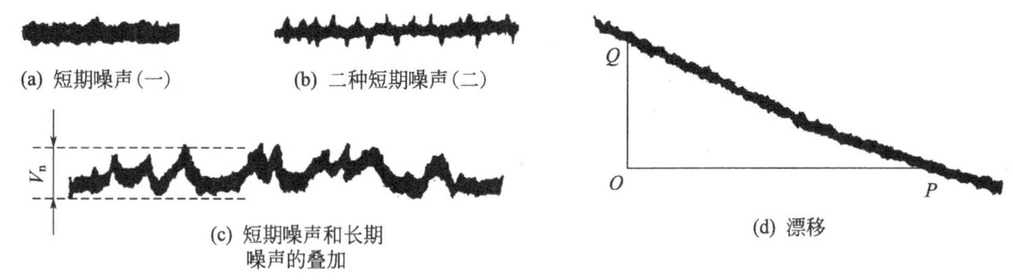

图 5-13　噪声和漂移

② 色谱峰　当组分进入检测器时检测器输出的信号随检测器中组分的浓度或质量变化而改变，直至组分全部通过检测器。此时绘出的曲线称为色谱峰 (如图 5-14 所示)。理论上色谱峰应该是对称的，符合高斯正态分布，实际上一般情况下的色谱峰都是非对称的色谱峰，主要有以下几种情况 (如图 5-15 所示)。

a. 拖尾峰　前沿陡起，后部平缓的不对称色谱峰，如图 5-15(c) 所示。

b. 前延峰　前沿平缓，后部陡起的不对称色谱峰，如图 5-15(d) 所示。

c. 分叉峰　两种以上的组分没有完全离开而重叠在一起的色谱峰，如图 5-15(e) 所示。

d. “馒头”峰　峰形比较矮而胖的色谱峰，如图 5-15(f) 所示。

③ 峰高和峰面积　峰高 (h) 是指峰顶到色谱峰的两个底连线的距离 (如图 5-14 中的 AB)，以 h 表示。峰面积 (A) 是指组分的流出曲线与基线间所围出的面积。某一组分的峰高或峰面积在一定条件下与该组分在样品中的含量成正比，所以色谱峰的峰高或峰面积是气相色谱进行定量分析的依据。

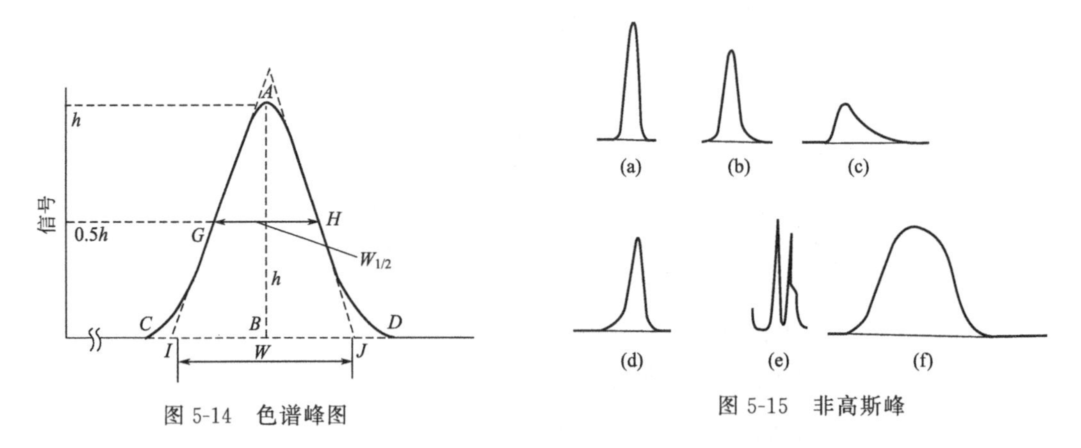

图 5-14　色谱峰图

图 5-15　非高斯峰

④ 峰拐点　在组分流出曲线上，一阶导数最大值的点，称为峰拐点。

⑤ 峰宽与半峰宽　在色谱峰两侧拐点处做切线所割基线延长线的距离，称为峰宽，如图 5-14 的 IJ，常用符号 W_b 表示。在峰高 1/2 处的峰宽 GH，称为半峰宽，常用符号 $W_{1/2}$ 表示（$W_b \neq 2W_{1/2}$）

⑥ 保留值　保留值通常是指某一组分在一定条件下从进样开始至该组分流出色谱柱所用时间，或将该组分带出色谱柱所需载气的体积来表示。在一定实验条件下组分的保留值具有特征性（即各组分保留值将保持不变），是气相色谱定性的参数。

a. 死时间（t_M）　从进样开始到不被固定相吸附或溶解的组分（空气或甲烷）从柱中流出，在检测器中呈现浓度极大值时所需要的时间（如图 5-12 中 OO' 所示的距离）。

b. 保留时间（t_R）　从进样开始到色谱柱后某组分在检测器中呈现浓度极大值时所需要的时间（如图 5-12 中 OB 所示的距离），以 t_R 表示。

c. 调整保留时间（t'_R）　扣除死时间后的保留时间（如图 5-12 中 $O'B$ 所示的距离），以 t'_R 表示：

$$t'_R = t_R - t_M \tag{5-2}$$

t'_R 反映了被分析的组分在色谱柱中被固定相滞留的时间，t'_R 确切地表达了被分析组分的保留特性。

d. 死体积（V_M）、保留体积（V_R）和调整保留体积（V'_R）　死体积 V_M 是用从进样开始到不被固定相吸附或溶解的组分（空气或甲烷）出现峰极大值所流过的载气体积来表示的，即用死时间乘以柱温、平均柱压下的载气平均体积流速。

$$V_M = t_M F_c \tag{5-3}$$

式中，F_c 是柱温、平均柱压下的载气平均体积流速，F_c 可用式（5-4）计算。

$$F_c = F_0 \left[\frac{P_0 - P_w}{P_0}\right] \times \frac{3}{2}\left[\frac{(P_i/P_0)^2 - 1}{(P_i/P_0)^3 - 1}\right] \times \frac{T_c}{T_r} \tag{5-4}$$

式中，F_0 是用皂膜流量计测得的柱后载气流速；P_0 是柱后压，即大气压；P_w 是饱和水蒸气压；P_i 是柱进口压力；T_c、T_r 分别是柱温和室温（用热力学温度表示）。

保留体积 V_R 是从进样开始到某组分出现峰极大值所流过的载气体积，即用保留时间乘以柱温、平均柱压下的载气平均体积流速。

$$V_R = t_R F_c \tag{5-5}$$

调整保留体积 V'_R 则用式(5-6) 表示。

$$V'_R = t'_R F_c \tag{5-6}$$

e. 相对保留值 r_{iS}　一定的实验条件下组分 i 与另一标准组分 S 的调整保留值之比：

$$r_{iS} = \frac{t'_{Ri}}{t'_{RS}} = \frac{V'_{Ri}}{V'_{RS}} \tag{5-7}$$

r_{iS} 仅与柱温及固定相性质有关，而与其他操作条件如柱长、柱内填充情况及载气的流速等无关。

f. 分配系数（K）　在一定柱温下组分在流动相与固定相间达到分配平衡时，组分在固定相与流动相中的浓度比。

对于气-固色谱，组分的分配系数为：

$$K = \frac{\text{每平方米吸附剂表面所吸附的组分量}}{\text{柱温及平均柱压下每毫升载气所含组分量}} \tag{5-8}$$

对于气-液色谱，分配系数为：

$$K = \frac{\text{每毫升固定液中所溶解的组分量}}{\text{柱温及平均柱压下每毫升载气所含组分量}} = \frac{C_L}{C_G} \tag{5-9}$$

式中，C_L 与 C_G 分别是组分在固定液与载气中的浓度。

5. 色谱分离原理

色谱分离原理是试样中各组分通过色谱柱时与柱中填料（固定相）之间反复多次发生相互作用，各组分与固定相相互作用能力不同，作用能力大小的差异使各组分在柱中运行速度产生差异得以相互分离，依次从色谱柱后流出。

(1) 气-固色谱　气-固色谱的固定相是固体吸附剂，试样中各种组分气体由载气携带进入色谱柱，与吸附剂接触时，各种组分分子可被吸附剂吸附。随着载气的不断运行，被吸附的组分分子又从固定相中洗脱下来（脱附），脱附下来的组分分子随着载气向前移动时又被后面的固定相吸附。从而，随着载气的流动，组分吸附-脱附的过程反复、多次进行。由于各组分性质的差异，易被吸附的组分，脱附也较难，在柱内移动的速度就会慢，出柱的时间就长；反之，不易被吸附的组分在柱内移动速度快，出柱时间短。所以，由于样品中各组分性质不同，吸附剂对它们的吸附能力不同，造成样品中各组分在色谱柱中运行速度有差异，经过一定柱长后，性质不同的组分便达到了彼此分离。

(2) 气-液色谱　气-液色谱的固定相是涂在担体（载体）表面的固定液，试样中各种组分气体由载气携带进入色谱柱与固定液接触时，气相中各组分分子可溶解到固定液中。随着载气的运行，被溶解的组分分子又从固定液中挥发出来，随着载气向前移动时又被后面的固定液溶解。随着载气的运行，溶解-挥发的过程反复进行。由于组分分子性质有差异，固定液对它们的溶解能力有所不同。易被溶解的组分，挥发也较难，在柱内移动的速度慢，出柱的时间就长；反之，不易被溶解的组分，挥发快，在柱内移动的速度快，出柱的时间就短。由于样品中各组分性质不同，固定液对它们的溶解能力不同，造成样品中各组分在色谱柱中运行速度有差异，经过一定柱长后，性质不同的组分便达到了彼此分离。

组分被固定相吸附或溶解的能力可用分配系数衡量，分配系数小的物质先出峰，分配系数大的物质后出峰。对气-固色谱而言，先出峰的是吸附能力小而脱附能力大的物质；对气-液色谱而言，先出峰的是溶解度小而挥发性强的物质。组分间分配系数差别越大，则分离越容易，需要的色谱柱越短。显然，分配系数相同的组分不能得到分离，色谱峰重合。

6. 气相色谱仪

气相色谱仪是载气连续运行的密闭系统。

(1) 气相色谱仪的工作过程　气相色谱分析流程见图 5-16。气相色谱仪的工作原理是：高压钢瓶提供 N_2 或 H_2 等载气（载气是用来输送试样且不与待测组分、固定相作用的气体），经减压阀减压后进入净化管（用来除去载气中的杂质和水分），再由稳压阀和针形阀分别控制载气压力和流量，然后通过汽化室进入色谱柱，最后通过检测器后放空。待汽化室、色谱柱、检测器的温度以及基线稳定后，试样由进样器进入，并被载气带入色谱柱。由于色谱柱中的固定相对试样中不同组分的吸附能力或溶解能力有所不同，因此不同组分流出色谱柱的时间产生差异，从而使试样中各种组分彼此分离，依次流出色谱柱。组分流出色谱柱后进入检测器，检测器将组分的浓度（$mg \cdot mL^{-1}$）或质量流量($g \cdot s^{-1}$)转变成电信号，经过色谱工作站处理后，通过显示器或打印机即可得到色谱图和分析数据。

(2) 气相色谱仪简介　气相色谱仪的品牌、型号、种类繁多，但它们都是由气路系统、进样系统、分离系统、检测系统、温度控制系统和数据处理系统六部分组成。

① 气相色谱仪的分类　常见的气相色谱仪有单柱单气路和双柱双气路两种类型。单柱单气路气相色谱仪（如图 5-16 所示）工作流程为：由高压气瓶供给的载气经减压阀、净化管、稳压阀、转子流量计、进样器、色谱柱、检测器后放空。单柱单气路气相色谱仪结构简单、操作方便、价格便宜。

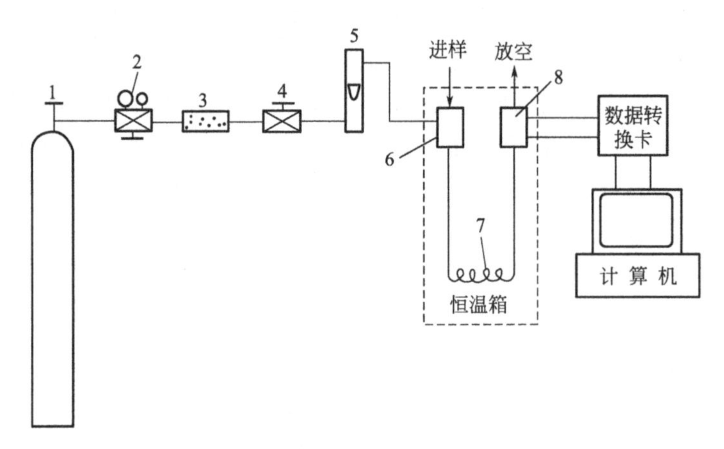

图 5-16　单柱单气路气相色谱仪结构示意图

1—载气钢瓶；2—减压阀；3—净化器；4—气流调节阀；5—转子流量计；6—汽化室；7—色谱柱；8—检测器

双柱双气路气相色谱仪（如图 5-17 所示）是将通过稳压阀后的载气分成两路进入各自的进样器、色谱柱和检测器，样品进入其中一路进行分析，另一路用作补偿气流不稳或固定液流失对检测器产生的影响，提高了仪器工作的稳定性，因而适用于程序升温操作和痕量物质的分析。双柱双气路气相色谱仪结构复杂、价格高。

② 气路系统

a. 气路系统的要求　气相色谱仪中的气路是一个载气连续运行的密闭系统。对气路系统的要求是：载气纯净、密闭性好、载气流速稳定。

气相色谱分析中，载气是输送样品气体运行的气体，是气相色谱的流动相。常用的载气

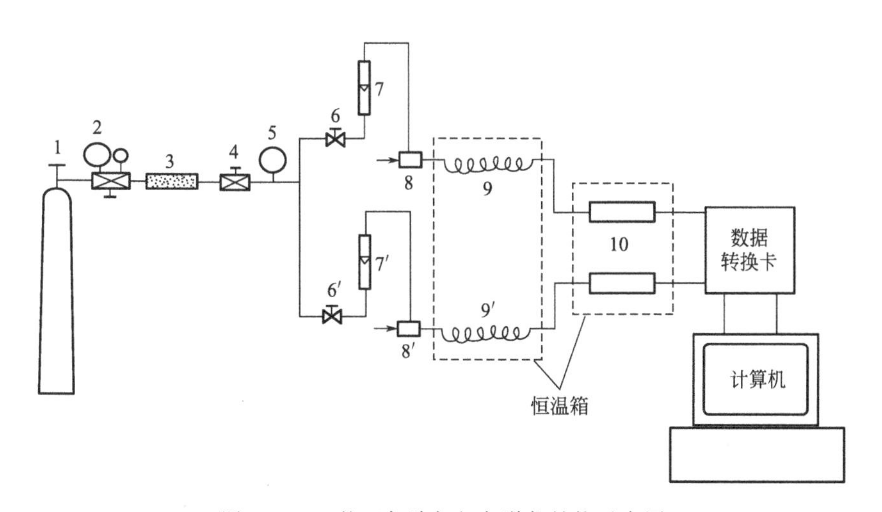

图 5-17　双柱双气路气相色谱仪结构示意图

1—载气钢瓶；2—减压阀；3—净化器；4—稳压阀；5—压力表；6,6′—针形阀；7,7′—转子流速计；8,8′—进样-汽化室；9,9′—色谱柱；10—检测器

为氮气、氢气。氦气、氩气由于价格高，应用较少。

b. 气路系统主要部件

（ⅰ）气体钢瓶和减压阀　载气一般可由高压气体钢瓶或气体发生器来提供。

一般气相色谱仪使用的载气压力为 0.2～0.4MPa，因此需要通过减压阀调节钢瓶输出压力。

（ⅱ）净化管　气体钢瓶供给的气体经过减压阀后，必须经过净化管净化处理。净化管内可以装填 5A 分子筛、变色硅胶、活性炭，用来吸附气体中的微量水和有机杂质。净化管通常为内径 30mm、长 200～250mm 的不锈钢管，如图 5-18 所示。

净化管的出口应当用少量脱脂棉轻轻塞上，以防净化剂粉尘流出净化管进入色谱仪。当硅胶变色时，应重新活化分子筛和硅胶，活化后可重新装入使用。

（ⅲ）针形阀　针形阀用来调节载气流量，也可以用来控制燃气和空气的流量。由于针形阀结构简单，当气体进口压力发生变化时，其出口的流量也将发生变化。所以用针形阀不能精确地调节流量。

当针形阀不工作时，应使针形阀全开。

（ⅳ）稳压阀　由于气相色谱分析操作中要求载气流速必须稳定，所以载气管路中必须使用稳压阀稳定载气压力。

稳压阀不工作时，应顺时针转动放松调节手柄，使阀关闭，以延长稳压阀寿命。

（ⅴ）稳流阀　气相色谱仪进行程序升温操作时，由于色谱柱柱温不断升高引起色谱柱阻力不断增加，将使载气流速发生变化。使用稳流阀可以在气路阻力发生变化时维持载气流速的稳定。

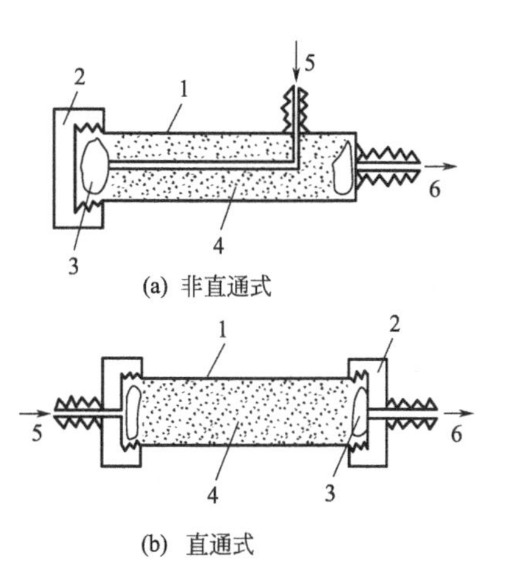

图 5-18　净化管的结构

1—干燥管；2—螺帽；3—玻璃毛；4—干燥剂；5—载气入口；6—载气出口

（ⅵ）管路连接　气相色谱仪内部的连接管路使用不锈钢管。气源至仪器的连接管路多采用不锈钢管，也可采用成本较低、连接方便的塑料管。连接处使用螺母、压环和“O”形密封圈进行连接。连接管道时，要求既要保证气密性，又不损坏接头。

（ⅶ）皂膜流量计　载气流量是气相色谱分析的一个重要操作条件。正确选择载气流量，可以提高色谱柱的分离效能，缩短分析时间。气相色谱分析中载气流量可以采用皂膜流量计（如图 5-19 所示）测量。

皂膜流量计是用于精确测量气体流速的器具。量气管下方有气体进口和橡皮滴头，使用时先向橡皮滴头中注入肥皂水，挤动橡皮滴头就有皂膜进入量气管。当气体自气体进口进入时，顶着皂膜沿着管壁向上移动。用秒表测定皂膜移动一定体积时所需时间就可以计算出载气体积流速（$mL \cdot min^{-1}$），测量精度达 1%。

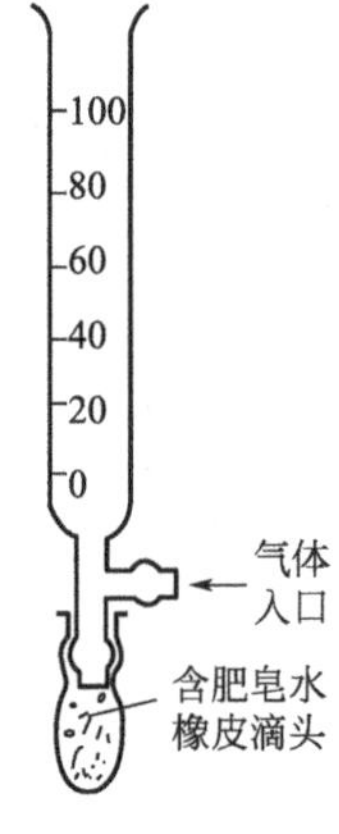

图 5-19　皂膜流量计

c. 气路系统辅助设备

（ⅰ）高压钢瓶　气体钢瓶是高压容器，气瓶顶部装有瓶阀，瓶阀上装有防护装置（钢瓶帽）。每个气体钢瓶筒体上都套有两个橡皮腰圈，以防震动和撞击。为了保证安全，各类气体钢瓶都必须定期做耐压检验。

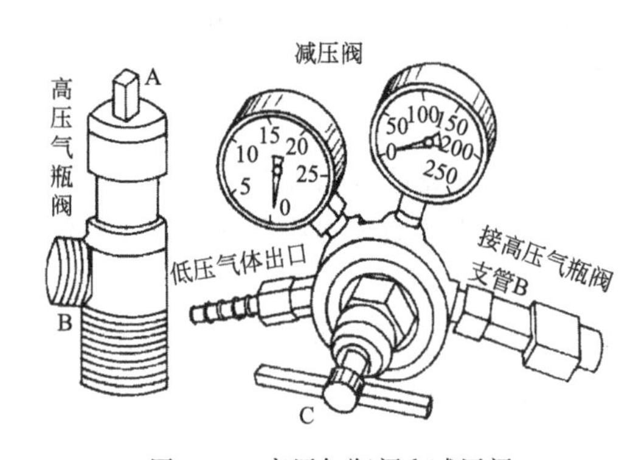

图 5-20　高压气瓶阀和减压阀

（ⅱ）高压气瓶阀和减压阀　高压气瓶顶部装有高压气瓶阀（又称总阀），减压阀装在高压气瓶阀出口，用来将高压气体调节到较小的压力（通常将 1～15MPa 压力减小到 0.1～0.5MPa）。高压气瓶阀与减压阀结构如图 5-20 所示。

使用钢瓶时将减压阀用螺旋套帽装在高压气瓶阀的支管 B 上（减压阀的功用是使高压气体的压力降低和稳定气体的压力）。使用扳手打开钢瓶总阀 A（逆时针方向转动），此时高压气体进入减压阀的高压室，其压力表（0～25MPa）指示气体钢瓶内压力。顺时针方向缓慢转动减压阀上 T 形阀杆 C，使气体进入减压阀低压室，其压力表（0～2.5MPa）指示输出管线中气体压力。不用气时应先关闭气体钢瓶总阀，待压力表指针指向零点后，再将减压阀 T 形阀杆 C 沿逆时针方向转动旋松（避免减压阀中的弹簧长时间压缩失灵）关闭。打开钢瓶总阀之前应使减压阀处于关闭状态（T 形阀杆松开），否则容易损坏减压阀。

（ⅲ）无油空气压缩机　气相色谱仪应该配置无油空气压缩机，因其工作时噪声小，排出的气体无油，适合作为分析仪器的气源。

d. 气路系统的日常维护

（ⅰ）检漏　气相色谱仪气路不密闭将会使实验现象出现异常，造成基线漂移、数据不准确。用氢气作载气时，氢气若从柱接口漏进恒温箱，可能会发生爆炸事故。所以，气相色谱仪气路要经常认真仔细地进行检漏。

气路检漏常用的方法有两种：一种是皂沫检漏法，即用毛笔蘸上肥皂沫涂在各接头上检漏，若接口处有气泡溢出，则表明该处漏气（注意：接头处如果泄漏严重，有时反而不易观察到气泡溢出）。漏气处应重新拧紧或更换密封垫，直到不漏气为止。检漏完毕应使用干布将皂液擦净。

另一种叫做堵气观察法，即用橡皮塞堵住检测器气体出口处，转子流量计流量为“0”，则表明转子流量计至检测器区间不漏气；反之，若转子流量计流量指示不为“0”，则表明转子流量计至检测器区间漏气，应重新拧紧各接头，直至不漏气为止。

（ⅱ）稳压阀、稳流阀、针形阀的使用维护　稳压阀、稳流阀不可作开关阀使用；各种阀的进、出气口不能接反。针形阀、稳压阀及稳流阀的调节须缓慢进行。针形阀关断时，应将阀门逆时针转动处于“开”的状态；稳压阀关断时，应当顺时针转动放松调节手柄；调节稳流阀，应当先打开稳流阀的阀针，流量的调节应从大流量调节到所需要的流量。

③ 进样系统　要想获得准确的气相色谱分析结果及良好的数据重现性，就必须要将样品定量引入色谱系统（液体样品还必须充分汽化），然后用载气将样品快速带入色谱柱，气相色谱仪的进样系统包括进样器和汽化室。

a. 进样器

（ⅰ）气体进样器　气体样品可以用六通阀进样。转式六通阀在取样状态时样气进入定量管；进样状态时，将阀旋转 60°，此时载气进入，通过定量管，将管中样气样品带入色谱柱中。定量管有 0.5mL、1mL、3mL、5mL 等规格，进样时，可以根据需要选择合适体积的定量管。

气体样品也可以用 0.25～5mL 注射器直接量取后由汽化室的进样口注入进样。这种方法简单、灵活，但是误差大、重现性差。

（ⅱ）液体样品进样器　液体样品采用微量注射器直接注入汽化室进样（如图 5-21 所示）。常用的微量注射器有 1μL、5μL、10μL 等容积。实际工作中可根据需要选择合适容积的微量注射器。

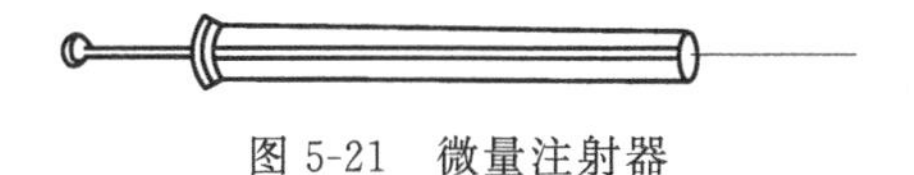

图 5-21　微量注射器

气相色谱分析要求汽化室温度要足够高，汽化室容积尽量小，无死角，以防样品扩散，提高柱效。

图 5-22 是一种常用的填充柱液体样品进样器，汽化室的作用是在电加热器的作用下将液体样品瞬间汽化为蒸气。当用微量注射器直接将样品注入汽化室时，样品瞬间汽化，然后由载气将汽化了的样品带入色谱柱内进行分离。汽化室内不锈钢套管中插入石英玻璃衬管能起到保护色谱柱的作用。进样口的隔垫为硅橡胶，其作用是防止漏气。硅橡胶在使用多次后会失去作用，应经常更换。

由于硅橡胶在汽化室高温的作用下会发生降解，硅橡胶中不可避免地含有一些残留溶剂或低分子低聚物。这些残留溶剂和降解产物通过色谱柱进入检测器，就可能出现“鬼峰”（即样品之外的物质产生的峰），影响分析。图 5-22 中隔垫吹扫装置就可以消除这一现象。

使用毛细管柱时，由于柱内固定相量少，柱容量比填充柱低，为防止色谱柱超负荷，要使用分流进样器。样品在分流进样器中汽化后，只有一小部分样品进入毛细管柱，而大部分样品随载气由分流气体出口放空。在分流进样时，进入毛细管柱内的载气流量与放空的载气流量（即进入色谱柱的样品量与放空的样品量）的比称为分流比。毛细管柱分析时使用的分流比一般在（1：10)～(1：100）之间。

除分流进样外，还有冷柱上进样、程序升温汽化进样、大体积进样、顶空进样等进样方式，具体内容可参阅相关专著。

正确选择液体样品的汽化温度十分重要，尤其对高沸点和易分解的样品，要求在汽化温度下，样品能瞬间汽化而不分解。一般仪器的最高汽化温度为350～420℃，有的可达450℃。

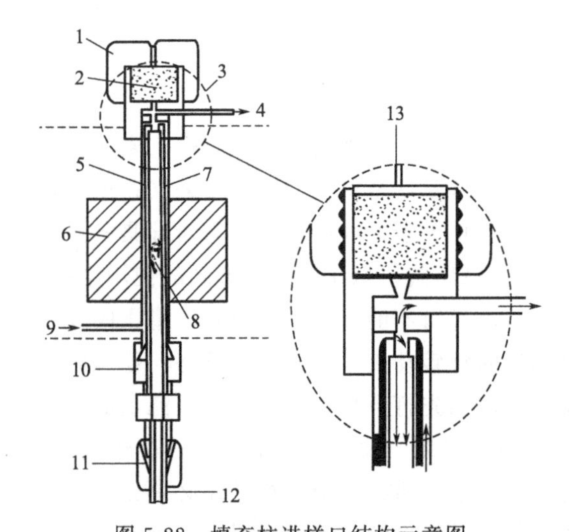

图5-22　填充柱进样口结构示意图

1—固定隔垫的螺母；2—隔垫；3—隔垫吹扫装置；4—隔垫吹扫气出口；5—汽化室；6—电加热器；7—玻璃衬管；8—石英玻璃毛；9—载气入口；10—柱连接固定螺母；11—色谱柱固定螺母；12—色谱柱；13—3的放大图

（ⅲ）固体样品进样器　固体样品必须先用溶剂溶解后，同液体样品一样用微量注射器进样。对高分子化合物进行色谱分析时，须将少量高聚物放入专用的裂解装置中，经过电加热，高聚物分解、汽化，然后由载气将分解的产物带入色谱仪进行分析。

气相色谱仪还可以根据需要配置自动进样器，实现气相色谱分析进样完全自动化，免去了繁琐的人工操作，提高了工作效率。

b. 日常维护

（ⅰ）汽化室进样口的维护　由于注射器长期反复穿刺，硅橡胶垫破损的颗粒会积聚在管路中造成进样口管道阻塞，解决方法是从进样口处拆下色谱柱，旋下散热片，使用一根细钢丝清除导管和接头部件内的硅橡胶颗粒。

如果气源不够纯净使进样口玷污，应对进样口清洗，方法是用丙酮和蒸馏水依次清洗导管和接头部件，并吹干。管路安装与拆卸的程序正好相反，最后进行气密性检查。

（ⅱ）微量注射器的维护　微量注射器使用前应先用丙酮等溶剂洗净。注射高沸点黏稠物质后应进行清洗处理（一般常用下述溶液依次清洗：5%NaOH水溶液、蒸馏水、丙酮、氯仿，最后用真空泵抽干），以免注射器芯子被玷污阻塞；切忌用浓碱液洗涤，以避免玻璃和不锈钢零件受腐蚀而漏水漏气；针尖为固定式的注射器，不宜吸取有较粗悬浮物质的溶液。

注射器针尖经常会被样品中杂质或硅橡胶上的硅橡胶堵塞，可用ϕ0.1mm不锈钢丝串通(10μL以上容积的注射器可以把针芯拉出，在针芯入口处点入少量水，插入针芯快速注射可以把阻塞物顶出)。黏稠样品残留在注射器内部，不得强行来回抽动针芯，以免顶弯或磨损针芯而造成损坏。解决方法是使用丙酮、氯仿等有机溶剂仔细清洗；如发现注射器内有不锈钢金属磨损物（出现发黑现象）使针芯运动不顺畅时，可在不锈钢芯子上蘸少量肥皂水塞入注射器内来回抽拉几次然后洗清干净即可；注射器的针尖不能用火烧，以免针尖退火失去穿刺能力。

④ 分离系统　在气相色谱仪中分离系统由柱箱和色谱柱组成，色谱柱是分离系统的关键，其作用是将样品中混杂在一起的多个组分分离开。

a. 柱箱　在分离系统中，柱箱就是一个精密的控温箱。柱箱的参数有两个：一个是柱箱的容积，另一个是柱箱的控温精度和温度范围。

柱箱的尺寸主要关系到是安装一根还是两根色谱柱，以及更换色谱柱是否方便。

柱箱的操作温度范围一般在室温～450℃，有些仪器可以进行多阶程序升温控制，能满足色谱优化分离的需要。

b. 色谱柱的类型　色谱柱一般可分为填充柱和毛细管柱。

(ⅰ) 填充柱　填充柱柱长一般在1～5m，内径一般为2～4mm。在柱内均匀、紧密填充颗粒状的固定相。依据填充柱内径的不同，填充柱又可分为经典型填充柱、微型填充柱和制备型填充柱。填充柱的柱材料多为不锈钢，其形状有U形和螺旋形，使用U形柱时柱效较高。

(ⅱ) 毛细管柱　毛细管柱柱长一般在25～100m，内径一般为0.1～0.5mm，柱材料大多用熔融石英，即弹性石英柱。比填充柱的分离效率有很大提高，可解决复杂样品的、填充柱难以分离的分析问题。常用的毛细管柱为涂壁空心柱（WCOT），其内壁直接涂渍固定液。按柱内径的不同，WCOT可进一步分为微径柱、常规柱和大口径柱。涂壁空心柱的缺点是柱内固定液的涂渍量相对较少，且固定液容易流失。为了尽可能地增加柱的内表面积，以增加固定液的涂渍量，出现了涂担体空心柱（SCOT，即内壁上沉积担体后再涂渍固定液的空心柱）和多孔性空心柱（PLOT，即内壁上有吸附剂的空心柱）。其中SCOT柱由于制备技术比较复杂，商品柱价格较高，而PLOT柱则主要用于永久性气体和相对分子质量较低有机化合物的分离分析。

c. 色谱柱的维护　使用色谱柱时应注意如下几点。

(ⅰ) 新制备的或新购置的色谱柱使用前必须进行老化。

(ⅱ) 新购置的色谱柱一定要先测试柱性能是否合格，如不合格可以退货或更换新的色谱柱。色谱柱使用一段时间后，柱性能可能会发生下降。当分析结果有问题时，应该用测试标样在一定操作条件下测试色谱柱，并将结果与前一次相同操作条件下测试结果相比较，以确定问题是否出在色谱柱上，每次测试结果都应保存起来作为色谱柱寿命的记录。

(ⅲ) 色谱柱暂时不用时，应将其从仪器上卸下，在柱两端垫上硅橡胶垫后用不锈钢螺帽拧紧，以免柱头被污染。

(ⅳ) 每次关机前都应将柱箱温度降到室温，然后再关电源和载气。若温度过高时切断载气，则空气（氧气）会吸入柱内会造成固定液氧化和降解。

(ⅴ) 仪器有过温保护功能时，每次新安装了色谱柱都要重新设定保护温度（超过此温度时，仪器会自动停止加热），以确保柱箱温度不超过色谱柱的最高使用温度。柱箱温度超过色谱柱的最高使用温度将使固定液的流失加速，降低色谱柱的使用寿命。

(ⅵ) 毛细管柱如果使用一定时间后柱效大幅度降低，有两方面原因：其一，可能是固定液流失太多；其二，可能是柱头上吸附了一些高沸点的极性化合物而使色谱柱丧失分离能力，解决方法是在高温下老化色谱柱，用载气将污染物洗脱出来。如果色谱柱性能仍不能恢复，可从仪器上卸下柱子，将柱头截去10cm或更长，去掉最容易被污染的柱头后再安装测试，往往能恢复柱性能。如果还是不起作用，可再反复注射溶剂进行清洗，常用的溶剂依次为丙酮、甲苯、乙醇、氯仿和二氯甲烷。每次可进样 5～10μL，这一办法常能奏效。如果色谱柱性能还不好，就只有卸下柱子，用二氯甲烷或氯仿冲洗（对固定液关联的色谱柱而言），溶剂用量依柱子污染程度而定，一般为 20mL 左右。如果这一办法仍不起作用，该色谱柱只有报废了。

⑤ 检测系统　气相色谱检测器是将经色谱柱分离后依次流出的化学组分的浓度或质量信号转变为电信号的器件，检测器产生的电信号经过放大后显示或记录，然后对被分离物质进行定性和定量处理。

a. 检测器的类型　气相色谱仪检测器分为浓度型检测器和质量型检测器。浓度型检测器的输出信号的大小取决于载气中组分的浓度。常见的浓度型检测器有热导检测器及电子捕获检测器等。质量型检测器输出信号的大小取决于组分在单位时间内进入检测器的质量。常见的质量型检测器有氢火焰离子化检测器和火焰光度检测器等。

b. 检测器的性能指标　不同种类的检测器的检测原理、特性以及应用范围有很大差异，不同种类的检测器性能的优劣不能简单地进行比较。但是通过灵敏度、检测限、噪声、线性范围和响应时间等指标可以对检测器性能进行评价。检测器性能评价是在色谱仪工作稳定的前提下进行的。主要指标如下。

（ⅰ）噪声和漂移　在只有纯载气进入检测器的情况下，仅由于检测仪器本身及其他操作条件（如色谱柱内固定液的流失，橡胶隔垫内杂质挥发、载气、温度、电压的波动、漏气等因素）使基线在短时间内发生起伏变化的信号，称为噪声，单位用 mV 表示。噪声是仪器的本底信号。基线在一定时间内对起点产生的偏离，称为漂移，单位用 mV/h 表示，检测器其噪声与漂移越小越好，表明检测器工作稳定。

（ⅱ）线性与线性范围　检测器的线性是指检测器内载气中组分浓度或质量与响应信号成正比的关系。线性范围是指被测物质的质量与检测器响应信号成线性关系的范围，以线性范围内最大进样量与最小进样量的比值表示。检测器的线性范围越宽，所允许的进样量范围就越大。

（ⅲ）检测器的灵敏度　气相色谱检测器的灵敏度（S）是指某物质通过检测器时质量的变化率引起检测器响应值的变化率，即：

$$S=\frac{\Delta R}{\Delta Q} \tag{5-10}$$

（ⅳ）检测器的检测限　当待测组分的量非常小时，在检测器上产生的信号会非常小，原则上通过放大器多级放大（提高检测器灵敏度）最终也能将其检测出来，但在实际操作中是行不通的。因为没有考虑到仪器噪声（仪器内部电路不稳定产生的杂波信号）的影响。即放大组分信号的同时噪声信号也同时会被放大。通常将产生两倍噪声信号时，单位体积载气中或单位时间内进入检测器的组分量称为检测限 D（亦称敏感度），其定义可用式（5-11）表示：

$$D=\frac{2N}{S} \tag{5-11}$$

灵敏度和检测限是从两个不同方面衡量检测器对物质敏感程度的指标。灵敏度越大，检测限越小，则表明检测器性能越好。

（ⅴ）检测器的响应时间　气相色谱检测器响应时间是指进入检测器的组分输出达到

63%所需的时间。检测器的响应时间越小越好。

c. 气相色谱仪常用检测器　目前气相色谱仪的检测器已有几十种。其中最常用的是热导检测器（TCD）、氢火焰离子化检测器（FID）。普及型的仪器大多配有这两种检测器。

（ⅰ）热导检测器（TCD）　热导检测器（TCD）是利用被测组分和载气的热导率不同而响应的浓度型检测器。

热导池由池体和热敏元件构成，有双臂热导池和四臂热导池两种（如图 5-23 所示）。热导池池体［如图 5-23(a)］用不锈钢或铜制成，内部装有热敏铼钨丝，其电阻值随本身温度变化而变化。

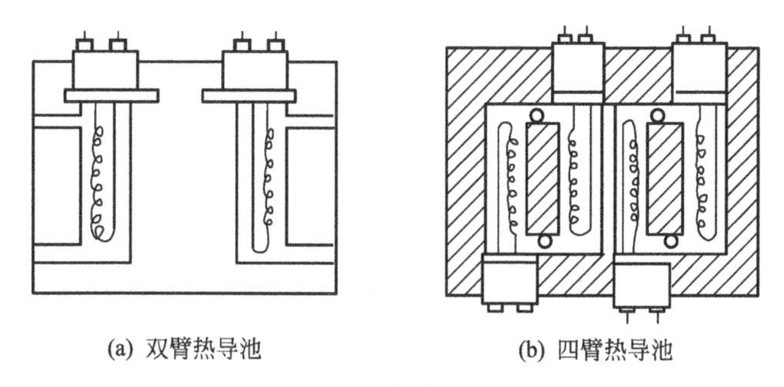

(a) 双臂热导池　(b) 四臂热导池

图 5-23　热导池结构

热导池体中，通纯载气的通道称为参比池，通样品的道为测量池。双臂热导池是一个参比池，另一个是测量池；四臂热导池中，有两臂为参比池，另两臂为测量池。

热导池检测器的工作原理是基于不同气体具有不同的热导率。热丝具有电阻随温度变化的特性（温度越高电阻越大）。当有一恒定电流通过热导池热丝时，热丝被加热（池内已预先通有一定流速的纯载气），载气的热传导作用使热丝的一部分热量被载气带走，一部分传给池体。当热丝产生的热量与散失热量达到平衡时，热丝温度就稳定在一定数值上，即热丝阻值稳定在一定数值上。当没有进样时，参比池和测量池通入的都是纯载气，热导率相同，热丝温度相同因此两臂的电阻值相同，电桥平衡，记录系统记录的是一条直线（基线）。

当有试样进入仪器系统时，载气携带着组分气流经测量池、载气和待测组分混合气体的热导率和纯载气的热导率不同，测量池中散热情况发生变化，而参比池中流过的仍然是纯载气，参比池和测量池两池孔中热丝热量损失不同，热丝温度不同，从而使热丝电阻值产生差异，使测量电桥失去平衡，输出端之间有电压信号输出。记录系统画出相应组分的色谱峰。载气中待测组分的热导率与载气的热导率相差越大、待测组分的浓度越大，测量池中气体热导率改变就越显著，温度和电阻值改变也越显著，输出电压信号就越强。输出的电压信号（色谱峰面积或峰高）与待测组分和载气的热导率的差值有关，与载气中样品的浓度成正比，这就是热导检测器定量测定的基础。

TCD 对无机物或有机物均有响应（待测组分和载气的热导率有差异即可产生响应），且其相对响应值与使用的 TCD 的类型、结构无关，是通用型检测器。定量准确，操作维护简单、价廉。主要缺点是灵敏度相对较低。

选择 TCD 检测条件主要有载气、桥电流和检测器温度。

载气与样品的热导率（导热能力）相差越大，检测器灵敏度越高。由于相对分子质量小

的 H_2、He 等导热能力强，而一般气体的相对热导率（如表 5-6 所示）较小，所以 TCD 通常用 H_2 或 He 作载气灵敏度高，且峰形正常，易于定量，线性范围宽。使用 N_2 或 Ar 作载气，因其灵敏度低，线性范围窄。

表 5-6　一些化合物蒸气和气体的相对热导率

化合物	相对热导率（He 为 100）	化合物	相对热导率（He 为 100）	化合物	相对热导率（He 为 100）
氦(He)	100.0	乙炔	16.3	甲烷(CH_4)	26.2
氮(N_2)	18.0	甲醇	13.2	丙烷(C_3H_8)	15.1
空气	18.0	丙酮	10.1	环己烷	12.0
一氧化碳	17.3	四氯化碳	5.3	乙烯	17.8
氨(NH_3)	18.8	二氯甲烷	6.5	苯	10.6
乙烷(C_2H_6)	17.5	氢(H_2)	123.0	乙醇	12.7
正丁烷(C_4H_{10})	13.5	氧(O_2)	18.3	乙酸乙酯	9.8
异丁烷	13.9	氩(Ar)	12.5	氯仿	6.0
环己烷	10.3	二氧化碳(CO_2)	12.7		

载气的纯度影响 TCD 的灵敏度。实验表明：在桥流 160～200mA 范围内，用 99.999% 的超纯氢气比用 99%的普通氢气灵敏度高 6%～13%。此外，长期使用低纯度的载气，载气中的杂质气体会被色谱柱保留，使色谱图噪声或漂移增大。所以，在不考虑运行成本的前提下（高纯载气价格通常要高出数倍），建议使用高纯度载气。

TCD 为浓度敏感型检测器，灵敏度 $S=\frac{Ac_1c_2F}{m}$正比于载气流速，流速波动将导致基线噪声和漂移增大。因此，在检测过程中，载气流速必须保持恒定。与毛细管柱配合使用的微型热导池（μ-TCD），其池体积在 100μL 以下，为了有效地消除柱外峰形扩张，同时保持高灵敏度，通常载气加尾吹的总流量为 10～20mL · min^{-1}。参考池的气体流速通常与测量池相等，但在程序升温时，可调整参考池之流速至基线波动和漂移最小为佳。

通常情况下灵敏度 S 与桥电流的三次方成正比。因此，常用增大桥电流来提高检测器灵敏度。但是，桥流增加，噪声也将随之增大。并且，桥流越高热丝越易被氧化，使用寿命越短。所以，在灵敏度满足分析要求的前提下，应选取较低的桥电流，以使检测器噪声小，热丝寿命长。一般商品 TCD 均有不同检测器温度下推荐使用的桥电流值，实际工作中可参考此值来设置。

TCD 的灵敏度与热丝和池体间的温差成正比。实际操作中，增大温差有两个途径：一是提高桥电流，以提高热丝温度，但噪声随之增大，热丝使用寿命短，所以热丝温度不能过高；二是降低检测器池体温度，但检测器池体温度不能低于样品的沸点，以保证样品中的各种组分及色谱柱流失的固定液在检测器中不发生冷凝造成污染。对永久性气体分析，降低池体温度可大大提高灵敏度。

热导检测器是一种通用的非破坏型浓度型检测器，是实际工作中应用最多的气相色谱检测器之一。适用于氢火焰离子化检测器不能直接检测的无机气体的分析。TCD 在检测过程中不破坏被检测的组分，有利于样品的收集，或与其他仪器联用。工业生产中需要在线监测，要求检测器长期稳定运行，而 TCD 是所有气相色谱检测器中，最适于在线监测的检测器。

热导池检测器的维护、使用注意事项如下：

尽量采用高纯载气，载气中应无腐蚀性物质、机械性杂质或其他污染物。

未通载气严禁加载桥电流。因为热导池中没有气体流通，热丝温度急剧升高会烧断热丝。载气至少通入 10min，先将气路中的空气置换完全后，方可通电，以防热丝元件的氧化。

根据载气的种类，桥电流不允许超过额定值。不同品牌的 TCD 桥电流额定值有所不同，可参照仪器说明书。如某品牌 TCD 载气用氮气时，桥电流应低于 150mA；载气用氢气时，桥电流则应低于 270mA。

检测器不允许有剧烈震动，以防热丝震断。

当热导池使用时间长或被玷污后，必须进行清洗。方法是将丙酮、乙醚、十氢萘等溶剂装满检测器的测量池，浸泡一段时间（20min 左右）后倾出，如此反复进行多次，直至所倾出的溶液比较干净为止。

当选用一种溶剂不能洗净时，可根据污染物的性质先选用高沸点溶剂进行浸泡清洗，然后再用低沸点溶剂反复清洗。洗净后加热使溶剂挥发，冷却至室温后，装到仪器上，然后加热检测器，通载气数小时后即可使用。

（ⅱ）氢火焰离子化检测器（FID）　氢火焰离子化检测器（FID）是气相色谱检测器中使用最广泛的一种，是质量型检测器。

氢火焰离子化检测器的结构如图 5-24 所示。氢焰检测器是由离子室、火焰喷嘴、极化极和收集极、点火线圈等的主要部件组成。离子室由不锈钢制成，包括气体入口、出口。极化极为铂丝做成的圆环，安装在喷嘴上端。收集极是金属圆筒，位于极化极上方，以收集极作负极、极化极作正极，收集极和极化极间施加一定的直流电压（通常可在 150～300V 之间调节）构成一个电场。FID 载气一般用氮气、氢气用燃气，分别由气体入口处引入。调节载气和燃气的流量使其以适宜比例混合后由喷嘴喷出。用压缩空气作为助燃气引入离子室，提供氧气，使用安装在喷嘴附近的点火装置点火后，在喷嘴上方形成氢火焰。

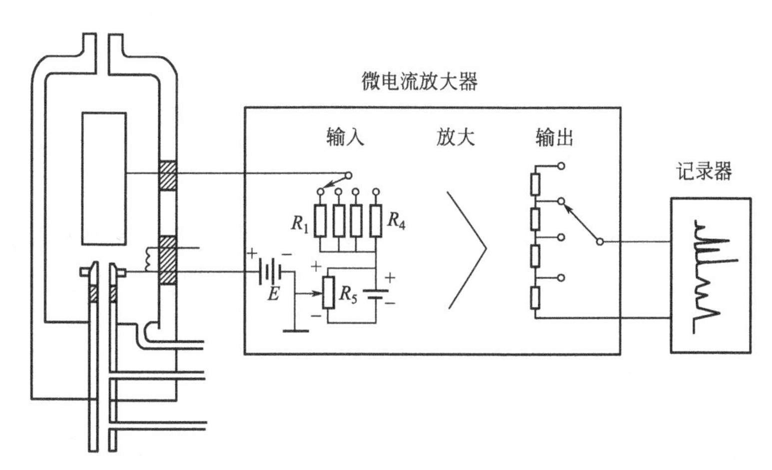

图 5-24　氢火焰离子化检测器结构图

当没有样品从色谱柱后流出时，载气中的有机杂质和流失的固定液进入检测器，在氢火焰作用下发生化学电离（载气不被电离），生成正、负离子和电子。在电场作用下，正离子移向收集极（负极），负离子和电子移向极化极（正极），形成微电流，流经输入电阻 R_1 时，在其两端产生电压信号 E。经过微电流放大器放大后形成基流，当仪器工作稳定、载气流速、柱温等条件不变时，则基流应该稳定不变。分析过程中，基流越小越好，但不会为零。仪器设计上通过调节 R_5 上的反方向的补偿电压来使流经输入电阻的基流降至“零”——“基流补偿”。一般在进样前需使用仪器上基流补偿调节装置将色谱图的基线调至零位。进样后，载气和分离后的组分一起从柱后流出，氢火焰中增加了组分电离后产生的正、负离子和电子，从而使电路中的微电流显著增大，即该组分产生的信号。该信号的大小与进入火焰中组分的性质、质量成正比，这便是 FID 的定量依据。

FID 的特点是灵敏度高，比 TCD 的灵敏度高约 10^3 倍；检出限低，可达 $10^{-12}g \cdot s^{-1}$；线性范围宽，可达 10^7；FID 结构简单，内部容积一般小于 $1\mu L$，响应时间仅为 1ms，既可以与填充柱联用，也可以直接与毛细管柱联用；FID 对能在火焰中燃烧电离的有机化合物都有响应，是目前应用最为广泛的气相色谱检测器之一。FID 的主要缺点是不能检测永久性气体、水、一氧化碳、二氧化碳、氮的氧化物、硫化氢等物质。

FID 需要选择的操作条件主要有：载气种类和载气流速；载气与氢气的流量比、氢气与空气的流量比；柱温、汽化室温度和检测室温度；极化电压。

FID 可以使用 N_2、Ar、H_2、He 作为载气。使用 N_2、Ar 作载气灵敏度高、线性范围宽，N_2 价格较 Ar 低很多，所以 N_2 是最常用的载气。

载气流速须根据色谱柱分离的要求和提高分析速度进行调节。

使用 N_2 作载气较 H_2 作载气灵敏度高。为了使 FID 灵敏度较高，氮氢比控制在 1∶1 左右（为了较易点燃氢火焰，点火时可加大 H_2 流量）。增大氢气流速，氮氢比下降至 0.5 左右，灵敏度将会有所降低，但可使线性范围得到提高。

空气是 H_2 的助燃气，为火焰燃烧和电离反应提供必要的氧，同时把燃烧产生的 CO_2、H_2O 等产物带出检测器。空气流速通常为氢气流速的 10 倍左右。流速过小，氧气供应量不足，灵敏度较低；流速过大，扰动火焰，噪声增大。一般空气流量选择在 300～500mL · min^{-1}之间。

常量分析，载气、氢气和空气纯度在 99.9%以上即可。做痕量分析时，一般要求三种气体的纯度达到 99.999%以上，空气中总烃含量应小于 $0.1\mu L \cdot L^{-1}$。

FID 对温度变化不敏感。但在 FID 中，氢气燃烧产生大量水蒸气，若检测器温度低于 80℃，水蒸气将在检测器中冷凝成水，减小灵敏度，增加噪声。所以，要求 FID 检测器温度必须在 120℃以上。

极化电压会影响 FID 的灵敏度。当极化电压较低时，随着极化电压的增加灵敏度迅速增大。当电压超过一定值时，极化电压增加对灵敏度的增大没有比较明显的影响。正常操作时，所用极化电压一般为 150～300V。

氢火焰离子化检测器使用注意事项如下：

尽可能采用高纯气体，压缩空气必须经过 5A 分子筛净化；

为了使 FID 的灵敏度高、工作稳定，应在最佳 N_2/H_2 比及最佳空气流速条件下使用；

FID 长期使用后喷嘴有可能发生堵塞，造成火焰燃烧不稳定、漂移和噪声增大。实际使用中应经常对喷嘴进行清洗。

当 FID 漂移和噪声增大时，原因之一可能是检测器被污染。解决方法是将色谱柱卸下，用一根不锈钢空管将进样口与检测器连接起来。通载气将检测器恒温箱升至 120℃以上后，从进样口注入约 $20\mu L$ 蒸馏水，再用几十微升丙酮或氟里昂溶剂进行清洗。清洗后在此温度下运行1～2h，基线如果平直说明清洗效果良好。若基线还不理想，说明简单清洗以不能奏效，必须将FID卸下进行清洗。具体方法是：从仪器上卸下FID，灌入适当溶剂（如1∶1甲醇-苯、丙酮、无水乙醇等）浸泡（注意切勿用卤代烃溶剂如氯仿、二氯甲烷等浸泡，以免与卸下零件中的聚四氟乙烯材料作用，导致噪声增加），最好用超声清洗机清洗。最后用乙醇清洗后置于烘箱中烘干。清洗工作完成后将FID装入仪器，要先通载气30min，再在120℃的温度下保持数小时，然后点火升至工作温度。

由于FID灵敏度高、线性范围宽、工作稳定，广泛应用于化学、化工、药物、农药、法医鉴定、食品和环境科学等诸多领域。由于FID灵敏度高还特别适合做样品的痕量分析。

⑥ 温度控制系统　在气相色谱操作中，温度控制直接影响色谱柱的分离效能、组分的保留值、检测器的灵敏度和稳定性，是非常重要的技术指标。气相色谱操作中需要控制色谱柱、汽化室，检测器三处的温度。

a. 柱温　气相色谱仪安放色谱柱的恒温箱称为柱箱。根据样品中组分分离要求，柱温在室温～450℃间可选。一般要求箱内上下温度差在3℃以内，控制点的控温精度在±(0.1～0.5)℃。恒温箱的温度可使用水银温度计或热电偶测量。

当分析沸点范围很宽、组分较多的样品时，用恒定的柱温很难满足分离要求。此时需要采用程序升温方式来实现组分间分离并缩短分析时间。所谓程序升温就是指在一个样品的分析周期里，色谱柱的温度按事先设定的升温程序，随着分析时间的增加从低温升到高温。起始温度、终点温度、升温速率等参数可调。

程序升温操作柱温逐渐上升，固定液流失增加将引起基线漂移，可用仪器配置的自动补偿装置进行“校准”和“补偿”两步骤或采用双柱补偿来消除。

b. 检测器温度和汽化室温度　气相色谱仪检测器和汽化室各有独立的恒温调节装置，其温度控制及测量和色谱柱恒温箱类似。汽化室温控精度要求不高。不同种类的检测器温控精度要求相差很大。

⑦ 数据记录和处理系统　气相色谱仪使用计算机进行数据采集和处理，高端仪器还可以通过计算机对气相色谱仪进行实时控制。

计算机实现数据采集和处理，气相色谱仪通过数据采集卡与计算机连接。在色谱工作站软件控制下，把气相色谱检测器输出的模拟信号转换成数字信号后进行采集、处理和存储，并对采集和存储的数据进行分析校正和定量计算，最后打印出色谱图和分析报告。

一般色谱工作站在数据处理方面的功能有：基线的校正、计算峰参数（包括保留时间、峰高、峰面积、半峰宽等）、色谱峰的识别、重叠峰和畸形峰的解析，定量计算组分含量等。

计算机实现对色谱仪器的实时控制，气相色谱仪通过仪器控制卡与计算机连接。在色谱工作站软件控制下，完成气相色谱仪器一般操作条件的控制。

目前国内市场上已出现多款中文操作界面“色谱工作站”，使用起来较方便，但这类产品只能实现数据采集和处理，并不具备控制仪器的功能。

(3) 气相色谱仪的使用方法　不同公司、不同型号的气相色谱仪使用方法上有一定差异，但是基本操作是一致的。

① 气相色谱仪（氢焰检测器）的使用方法

a. 打开载气钢瓶总阀门（高压表指针指示钢瓶内的气压），再顺时针方向打开减压阀门

（低压表指针指示输出气压）输入载气（注意气相色谱仪一定要先开载气后开电源），打开仪器上控制载气的针形阀、稳压阀调节适宜流量。

b. 打开主机电源总开关。

c. 打开计算机及色谱工作站，输入分析操作条件。加热柱箱、加热汽化室、加热氢焰检测器。

d. 柱温升至所设置温度后，稳定半小时。

e. 打开空气发生器（或无油空气压缩机）电源开关。打开气源开关阀门、打开气源稳压阀至适宜值。

f. 打开氢气钢瓶总阀门（高压表指针指示钢瓶内的气压），再顺时针方向打开减压阀门（低压表指针指示输出气压）。或打开氢气发生器电源开关、打开气源开关阀门。

g. 逆时针方向打开空气针形阀和氢气稳压阀至适宜值，并调节至所需流量（高端仪器由计算机键盘输入空气和氢气流量值，仪器自动完成控制）。

h. 打开点火开关，点燃氢火焰。

i. 待仪器稳定（基线平直）后，即可进样。

j. 样品分析完成后，关闭各个加热开关，打开柱箱门（加速降温），当柱温降至室温后（约需 20～30min），按与开机相反步骤关机。

② 气相色谱仪（热导检测器）的使用

a. 打开载气钢瓶总阀门输入载气，打开仪器上控制载气的针形阀、稳压阀调节适宜流量。

b. 打开主机电源总开关。

c. 打开计算机及色谱工作站，输入分析操作条件。加热柱箱、加热汽化室、加热热导池检测器。

d. 柱温升至所设置温度后，稳定半小时。

e. 设定热导池检测器适宜桥流值。

f. 待仪器稳定（基线平直）后，即可进样分析。

g. 样品分析完成后，关闭各个加热开关，打开柱箱门（加速降温），当柱温降至室温后（约需 20～30min），按与开机相反步骤关机。

7. 气相色谱基本理论

色谱分析的关键是实现样品中各个组分之间的分离。而组分间的分离取决于色谱峰之间保留时间的差异是否足够大和色谱峰的宽度是否足够窄。气相色谱基本理论主要讨论的是影响色谱峰宽度和固定相选择的问题。

（1）塔板理论　1941 年马丁（Martin）和詹姆斯（James）提出了半经验式塔板理论，他们将色谱分离过程比拟为一个蒸馏过程，即将连续的色谱过程比拟为许多小段平衡过程的重复。

① 塔板数的计算　塔板理论把色谱柱视作一个分馏塔，即把色谱柱分成许多个小段，每一段假想为一个塔板。

② 理论塔板数 n　在塔板理论中，把每两块塔板的距离（组分在柱内达成一次分配平衡所需要的柱长）称为理论塔板高度，简称板高，用 H 表示。当色谱柱长为 L 时，所得理论塔板数 n 为：

$$n=\frac{L}{H} \tag{5-12}$$

色谱柱长 L 一定时，理论塔板高度 H 越小，则柱内理论塔板数 n 越多，组分在柱内被分配于两相的次数就越多，柱效能就越高。

计算理论塔板数 n 的经验式为：

$$n=5.54\left(\frac{t_R}{W_{1/2}}\right)^2=16\left(\frac{t_R}{W_b}\right)^2 \tag{5-13}$$

式中，n 为理论塔板数；2 为组分的保留时间；$W_{1/2}$ 为以时间为单位的半峰宽；W_b 为以时间为单位的峰宽。

由式(5-13) 可以看出，组分的保留时间越长，峰形越窄，则理论塔板数 n 越大。

③ 有效理论塔板数 $n_{有效}$　实际应用中，常常出现理论塔板数 n 值很大，但色谱柱的实际分离效能并不高的现象。这是由于保留时间 t_R 中包括了死时间 t_M，而 t_M 不影响柱内的分配。即理论塔板数未能真实地反映色谱柱的实际分离效能。为此，提出了以 t'_R 代替 t_R 计算所得到的有效理论塔板数 $n_{有效}$ 来衡量色谱柱的柱效能。计算公式为：

$$n_{有效}=\frac{L}{H_{有效}}=5.54\left(\frac{t'_R}{W_{1/2}}\right)^2=16\left(\frac{t'_R}{W_b}\right)^2 \tag{5-14}$$

式中，$n_{有效}$ 为有效理论塔板数；$H_{有效}$ 为有效理论塔板高度；t'_R 为组分调整保留时间；$W_{1/2}$ 为以时间为单位的半峰宽；W_b 为以时间为单位的峰宽。

同一根色谱柱对不同组分的柱效能是不同的。在比较不同色谱柱的柱效能时，应在同一色谱操作条件下、使用同一组分进行比较。

(2) 速率理论　利用有效理论塔板数 $n_{有效}$、有效理论塔板高度 $H_{有效}$ 评价色谱柱的柱效能具有一定的实际意义，但是塔板理论中没有涉及操作条件中的各种参数，因而无法指导色谱分析条件的选择。速率理论剖析了影响色谱峰展宽的物理化学因素。速率理论可以指导我们优化、选择色谱分析条件。

① 速率理论方程式　1956 年，范第姆特（Van Deemter）吸收了塔板理论的研究成果——塔板高度的概念，指出理论塔板高度 H 是峰宽的量度，并把塔板高度的影响因素结合进去，总结出速率理论方程式（亦称范第姆特方程式）：

$$H=A+\frac{B}{u}+Cu \tag{5-15}$$

式中，H 为塔板高度；u 为载气的线速度，$cm \cdot s^{-1}$；A 为涡流扩散项；B 为分子扩散项；C 为传质阻力项。

② 影响柱效能的因素

a. 涡流扩散项　范第姆特方程式中 A 项称为涡流扩散项（亦称多路效应项）。由于组分分子进入色谱柱遇到柱内填充的固定相时改变流动方向，组分分子所经过的路径长度不同，达到柱出口的时间也不同，因而引起色谱峰的扩张（如图 5-25 所示）。

$A=2\lambda d_p$ 说明涡流扩散项所引起的峰形变宽与固定相颗粒平均直径 d_p 和固定相的填充不均匀因子 λ 有关。显然，使用直径适宜（d_p 太低色谱柱的载气通过性降低，会使载气流速提升困难，并且 d_p 太低将引起 λ 增大反而使柱效降低）、粒度均匀的固定相，并尽量填充均匀，可以减小涡流扩散，降低塔板高度，提高柱效。

b. 分子扩散项　B/u 称为分子扩散项。组分进入色谱柱后，柱内存在浓度梯度，载气

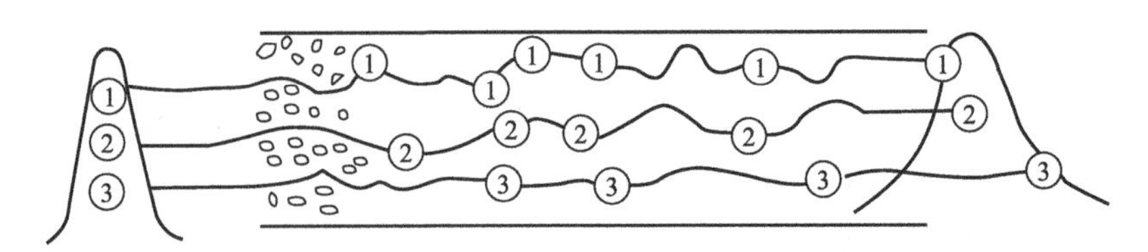

图 5-25　涡流扩散项

分子与组分分子由高浓度区域向低浓度区域相互扩散，从而使峰扩张。

$$B/u=2\gamma D_g$$

式中，γ 为弯曲因子，反映固定相对分子扩散的阻碍程度，填充柱的 $\gamma<1$，空心柱 $\gamma=1$；D_g 为组分在载气相中的扩散系数，随载气和组分的性质、温度、压力而变化，由于组分在气相中的扩散系数 D_g 近似地与载气的摩尔质量的平方根成反比，所以实际过程中使用摩尔质量大的载气可以减小分子扩散；u 为载气的线速度，u 越小，组分在色谱柱中停留时间越长，分子扩散也就越严重。分析过程中若加快载气流速，可以减少由于分子扩散而产生的色谱峰扩张，降低塔板高度，提高柱效。

c. 传质阻力项　Cu 为传质阻力项，它包括气相传质阻力项 $C_g u$ 和液相传质阻力项 $C_L u$ 两项，即

$$Cu=(C_g+C_L)u \tag{5-16}$$

式中，C_g、C_L 分别为气相传质阻力系数和液相传质阻力系数。气相传质阻力是组分从气相到气液界面间进行质量交换所受到的阻力。液相传质阻力是指试样组分从固定相的气液界面到液相内部进行质量交换达到平衡后，又返回到气液界面时所受到的阻力。液相传质阻力的影响是最明显的，液相传质阻力占据主要地位。液相传质需要时间，进入液相的组分分子会在液相里有一定的停留时间，当它回到气相时，必然落后在气相中随载气运动的分子，从而必造成色谱峰扩张。实际工作中固定液的液膜涂渍较薄有利于柱效的提高（但固定液的液膜不能过薄，否则会减少色谱柱容量，暴露担体）。通常使用低黏度固定液，组分在液相中的扩散系数 D_L 大，也有利于传质、减少峰形扩张。在传质阻力项中 u 越大，色谱峰的扩张越严重。分析过程中降低载气流速有利于减少峰形扩张。

速率理论概括了柱效能的影响因素，为选择色谱分离操作条件提供了理论指导。

(3) 分离度-色谱柱的总分离效能指标　色谱分析的关键是实现样品中各个组分之间的分离，而组分间的分离取决于色谱峰之间保留时间的差异是否足够大和色谱峰的宽度是否足够窄。塔板理论中有效理论塔板数 $n_{有效}$ 是衡量柱效能的指标，决定色谱峰的宽度。但样品中各组分（特别是难分离物质，即物理常数相近、结构类似的相邻组分）在一根柱内能否得到分离（保留时间差异是否足够大），取决于各组分在固定相中分配系数的差异，也就是取决于固定相的选择性（固定液的选择是否适宜）。

柱效能指标不能说明相邻组分之间的实际分离效果，而选择性却无法说明柱效率的高低。因此，需要引入一个既能反映柱效能，又能反映柱选择性的指标，作为衡量色谱柱总分离效能指标，用来判断相邻组分在柱中的实际分离情况。这一指标就是分离度 R。

分离度又称分辨率，其定义为：相邻两组分色谱峰的保留时间之差与两峰底宽度之和一半的比值，即：

$$R=\frac{t_{R_2}-t_{R_1}}{(W_{b_1}+W_{b_2})/2} \tag{5-17}$$

或
$$R=\frac{2(t_{R_2}-t_{R_1})}{1.699[W_{1/2(1)}+W_{1/2(2)}]} \tag{5-18}$$

式中，t_{R_1}、t_{R_2}分别为1、2组分的保留时间；W_{b_1}、W_{b_2}分别为1、2两组分的色谱峰峰底宽度；$W_{1/2(1)}$、$W_{1/2(2)}$分别为1、2两组分色谱峰的半峰宽。

显然，分子项中两保留时间差越大，即两峰相距越远，两峰越窄，R值就越大。R值越大，两组分分离得就越完全。一般来说，当$R=1.5$时，分离程度可达99.7%（通常用$R\geqslant1.5$作为相邻两峰得到完全分离的指标）；当$R=1$时，分离程度可达98%；当$R<1$时，两峰有明显的重叠。通常色谱分析$R=1$时基本能够满足定性和定量要求，没有必要追求$R\geqslant1.5$。

由于分离度涵盖了实现组分分离的热力学和动力学（即峰间距和峰宽）两方面因素，定量地描述了混合物中相邻两组分实际分离的程度，因而用它作为色谱柱的总分离效能指标。

(4) 色谱柱技术　气相色谱分析中，分离过程是在色谱柱内完成的。样品能否在色谱柱中得到分离，主要取决于色谱柱中的固定相的选择是否合适。因此，色谱柱的选择就成为色谱分析中的关键。

① 气-固色谱柱　气-固色谱所采用的固定相为固体吸附剂。因此选择气-固色谱柱也就是选择固体吸附剂。常用的固体吸附剂主要有强极性硅胶、中等极性氧化铝、非极性活性炭及特殊作用的分子筛，它们主要用于惰性气体和H_2、O_2、N_2、CO、CO_2、CH_4等一般气体及低沸点有机化合物的分析。由于吸附剂的种类少，应用范围有限。

② 气-液色谱柱　气-液色谱填充柱中起分离作用的固定相是液体。即把液态高沸点有机物涂渍在固体支持物（称作担体或载体）上，然后均匀装填在色谱柱中。因此，气-液色谱柱的选择主要就是固定液的选择。

a. 对固定液的要求

(ⅰ) 固定液沸点高，操作柱温下蒸气压要低。以使固定液的流失速度低、色谱柱寿命长。

(ⅱ) 稳定性好，在操作柱温下不分解、不裂解，并呈液态。黏度较低，可以减小液相传质阻力。

(ⅲ) 对样品中各种组分有一定溶解度，并且各组分溶解度须有差异，这样色谱柱对样品中各种组分才能有良好的选择性，达到相互分离的目的。

(ⅳ) 化学稳定性好，在操作柱温度下，不与载气、担体以及待测组分发生不可逆化学反应。

b. 固定液的分类　气-液色谱使用的固定液种类繁多，已达1000多种。为了选择和使用方便，一般按固定液的“极性”大小进行分类。固定液极性是表示含有不同官能团的固定液，与分析组分中官能团及亚甲基间相互作用的能力。通常用相对极性（P）的大小来表示。这种表示方法规定：β,β'-氧二丙腈的相对极性$P=100$，角鲨烷的相对极性$P=0$，其他固定液以此为标准通过实验测出，它们的相对极性均在0～100之间。通常将相对极性值分为五级，每20个相对单位为一级，相对极性在0～+1间的为非极性固定液（亦可用“-1”表示非极性）；+2、+3为中等极性固定液；+4、+5为强极性固定液。表5-7列出了一些常用固定液相对极性数据，最高使用温度和主要分析对象等资料，供使用时选择和参考。

表 5-7 常用固定液相对极性数据

固定液		最高使用温度/℃	常用溶剂	相对极性	分析对象
非极性	十八烷	室温	乙醚	0	低沸点碳氢化合物
	角鲨烷	140	乙醚	0	C_8 以前碳氢化合物
	阿匹松(L.M.N)	300	苯、氯仿	+1	各类高沸点有机化合物
	硅橡胶(SE-30,E-301)	300	丁醇+氯仿(1+1)	+1	各类高沸点有机化合物
中等极性	癸二酸二辛酯	120	甲醇、乙醚	+2	烃、醇、醛酮、酸酯各类有机物
	邻苯二甲酸二壬酯	130	甲醇、乙醚	+2	烃、醇、醛酮、酸酯各类有机物
	磷酸三苯酯	130	苯、氯仿、乙醚	+3	芳烃、酚类异构物、卤化物
	丁二酸二乙二醇酯	200	丙酮、氯仿	+4	分离饱和及不饱和脂肪酸酯，苯二甲酸酯异构体
极性	苯乙腈	常温	甲醇	+4	卤代烃、芳烃和 $AgNO_3$ 一起分离烷烯烃
	二甲基甲酰胺	20	氯仿	+4	低沸点碳氢化合物
	有机皂-34	200	甲苯	+4	芳烃、特别对二甲苯异构体有高选择性
	β,β'-氧二丙腈	<100	甲醇、丙酮	+5	分离低级烃、芳烃、含氧有机物
氢键型	甘油	70	甲醇、乙醇	+4	醇和芳烃、对水有强滞留作用
	季戊四醇	150	氯仿+丁醇(1+1)	+4	醇、酯、芳烃
	聚乙二醇-400	100	乙醇、氯仿	+4	极性化合物：醇、酯、醛、腈、芳烃
	聚乙二醇 20M	250	乙醇、氯仿	+4	极性化合物：醇、酯、醛、腈、芳烃

近年来通过大量实验数据，利用电子计算机优选出 12 种“最佳”固定液。这十二种固定液的特点是：在较宽的温度范围内稳定，并占据了固定液的全部极性范围。十二种固定液如表 5-8 所示。从中可以看出：实验室只需储存少量标准固定液就可以满足大部分分析任务的需要。

表 5-8 十二种最佳固定液

固定液名称	型号	相对极性	最高使用温度/℃	溶剂	分析对象
角鲨烷	SQ	−1	150	乙醚、甲苯	气态烃、轻馏分液态烃
甲基硅油或 甲基硅橡胶	SE-30 OV-101	+1	350 200	氯仿、甲苯	各种高沸点化合物
苯基(10%)甲基聚硅氯烷	OV-3	+1	350	丙酮、苯	各种高沸点化合物、对芳香族和极性化合物保留值增大 OV-17+QF-1 可分析含氯农药
苯基(25%)甲基聚硅氧烷	OV-7	+2	300	丙酮、苯	
苯基(50%)甲基聚硅氧烷	OV-17	+2	300	丙酮、苯	
苯基(60%)甲基聚硅氧烷	OV-22	+2	300	丙酮、苯	
三氟丙基(50%)甲基聚硅氧烷	QF-1 OV-210	+3	250	氯仿 二氯甲烷	含卤化合物、金属螯合物、甾类
β-氰乙基(25%)甲基聚硅氧烷	XE-60	+3	275	氯仿 二氯甲烷	苯酚、酚醚、芳胺、生物碱、甾类
聚乙二醇	PEG-20M	+4	225	丙酮、氯仿	选择性保留分离含 O、N 官能团及 O、N 杂环化合物
聚己二酸 二乙二醇酯	DEGA	+4	250	丙酮、氯仿	分离 $C_1 \sim C_{24}$ 脂肪酸甲酯、甲酚异构体
聚丁二酸 二乙二醇酯	DEGS	+4	220	丙酮、氯仿	分离饱和及不饱和脂肪酸酯、苯二甲酸酯异构体
1,2,3-三(2-氰 乙氧基)丙烷	TCEP	+5	175	氯仿、甲醇	选择性保留低级含 O 化合物，伯、仲胺，不饱和烃、环烷烃等

c. 固定液的选择　选择固定液应根据不同的分析对象和分析要求进行。一般可以按照“相似相溶”原理进行选择，即按待分离组分的极性或化学结构与固定液相近似的原则来选择，其一般规律如下。

（ⅰ）分离非极性物质，一般选用非极性固定液。试样中各组分按沸点从低到高的顺序流出色谱柱。

（ⅱ）分离极性物质，一般按极性强弱来选择相应极性的固定液。试样中各组分一般按极性从小到大的顺序流出色谱柱。

（ⅲ）分离非极性和极性混合物时，一般选用极性固定液。这时非极性组分先出峰，极性组分后出峰。

（ⅳ）能形成氢键的试样，如醇、酚、胺和水的分离，一般选用氢键型固定液。此时试样中各组分按与固定液分子间形成氢键能力大小的顺序流出色谱柱。

（ⅴ）对于复杂组分，一般可选用两种或两种以上的固定液配合使用，以增加分离效果。

（ⅵ）对于含有异构体的试样（主要是含有芳香型异构部分），建议选用特殊保留作用的有机皂土或液晶作固定液。

以上是选择固定液的大致原则。由于色谱分离影响因素比较复杂，因此选择固定液还可以参考文献资料、通过实验进行选择。

8. 实验技术

（1）分离操作条件的选择　在选择、确定固定相后，对一个分析项目，主要任务是选择最佳分离操作条件，实现试样中组分间的分离。

载气及其流速的选择如下。

a. 载气种类的选择　作为气相色谱载气的气体，要求要化学稳定性好；纯度高；价格便宜并易取得；能适合于所用的检测器。常用的载气有氢气、氮气、氦气等。其中氢气和氮气价格便宜，性质良好，是用作载气的良好气体。

（ⅰ）氢气　由于它具有相对分子质量小、分子半径大、热导率大、黏度小等特点，因此在使用 TCD 时常采用它作载气。在 FID 中它是必用的燃气。氢气的来源目前除氢气高压钢瓶外，还可以采用电解水的氢气发生器，氢气易燃易爆，使用时，应特别注意安全。

（ⅱ）氮气　由于它的扩散系数小，柱效比较高，除 TCD 外（在 TCD 中用得较少，主要因为氮气热导率小，灵敏度低），在其他形式的检测器中，多采用氮气作载气。

（ⅲ）氦气　从色谱载气性能上看，与氢气性质接近，且具有安全性高的优点。但由于价格较高，使用不普遍。

载气种类的选择首先要考虑使用何种检测器。比如使用 TCD，选用氢或氦作载气，能提高灵敏度；使用 FID 则选用氮气作载气。然后再考虑所选的载气要有利于提高柱效能和分析速度。例如选用摩尔质量大的载气（如 N_2）可以使 D_g 减小，提高柱效能。

b. 载气流速的选择　由速率理论方程式可以看出，分子扩散项与载气流速成反比，而传质阻力项与流速成正比，所以必然有一最佳流速使板高 H 最小，柱效能最高。

最佳流速一般通过实验来选择。其方法是：选择好色谱柱和柱温后，固定其他实验条件，依次改变载气流速，将一定量待测组分纯物质注入色谱仪。出峰后，分别测出在不同载气流速下，该组分的保留时间和峰底宽。并计算出不同流速下的有效理论塔板数 $H_{有效}$ 值。

以载气流速 u 为横坐标，板高 H 为纵坐标，绘制出 H-u 曲线（如图 5-26 所示）。

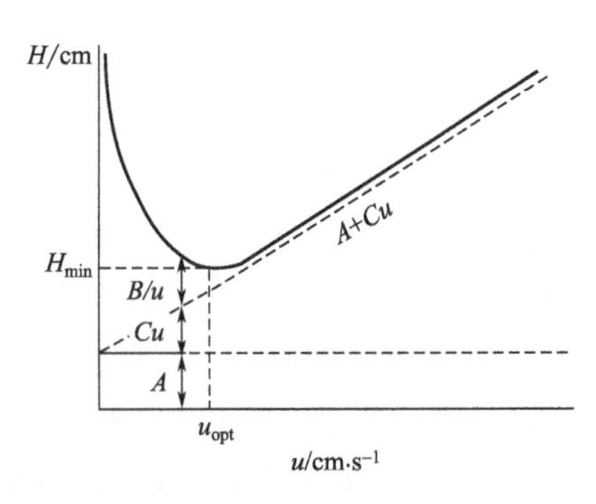

图 5-26　塔板高度 H 与载气流速 u 的关系

图 5-26 中曲线最低点处对应的塔板高度最小，因此对应的载气流速称为最佳载气流速 u_{opt}，在最佳载气流速下操作可获得最高柱效。最佳载气流速下操作虽然柱效高，但分析速度慢，因此实际工作中，为了加快分析速度，同时又不明显增加塔板高度的情况下，一般采用比 $u_{最佳}$ 稍大的流速进行测定。一般填充色谱柱（内径 3～4mm）常用流速为 20～100mL·min^{-1}。

（2）担体　担体也称作载体，它的作用是提供一个具有较大表面积的惰性表面，使固定液能在它的表面上形成一层薄而均匀的液膜。

a. 气液色谱中对担体的要求

（ⅰ）化学惰性好，即无吸附性、无催化性，且热稳定性要好。

（ⅱ）表面具有多孔结构、孔径分布均匀，即担体比表面积要大，能涂渍更多的固定液，又不增加液膜厚度。

（ⅲ）担体机械强度好，不易破碎

b. 担体的种类　担体可分为无机担体和有机聚合物担体两大类。前者应用最为普遍的主要有硅藻土型担体和玻璃微球担体；后者主要包括含氟担体以及其他各种聚合物担体。

（ⅰ）硅藻土型　硅藻土型担体使用的历史最长，应用也最普遍。这类担体是以硅藻土为原料，加入木屑及少量黏合剂，加热煅烧制成。硅藻土担体是以硅、铝氧化物为主体，以水合无定型氧化硅和少量金属氧化物杂质为骨架。一般分为红色硅藻土担体和白色硅藻土担体两种。它们的表面结构差别很大，红色硅藻土担体表面孔隙密集，孔径较小，表面积大，能负荷较多的固定液。由于结构紧密，所以机械强度较好。白色硅藻土担体在烧结过程中破坏了大部分的细孔结构，变成了较多松散的烧结物，所以孔径比较粗，表面积小，能负荷的固定液少，机械强度不如红色担体。它的优点是表面吸附作用和催化作用比较小，适用于极性组分分析。

（ⅱ）玻璃微球　玻璃微球是一种有规则的颗粒小球。它具有很小的表面积，通常把它看做是非孔性、表面惰性的担体。这类担体的主要优点是能在较低的柱温下分析高沸点物质，使某些热稳定性差但选择性好的固定液获得应用。缺点是柱负荷量小，只能用于涂渍低配比固定液，而且，柱寿命较短。国产的各种筛目的多孔玻璃微球担体性能很好，可供选择使用。

（ⅲ）氟担体　这类担体的特点是吸附性小，耐腐蚀性强，适合于强极性物质和腐蚀性气体的分析。其缺点是表面积较小，机械强度低，对极性固定液的浸润性差，涂渍固定液的量一般不超过 5%。

c. 担体的选择　选择适当担体能提高柱效，有利于混合物的分离，改善峰形。

选择担体的原则如下。

（ⅰ）固定液用量＞5%（质量分数）时，一般选用硅藻土白色担体或红色担体。

若固定液用量＜5%（质量分数）时，一般选用表面处理过的担体。

（ⅱ）腐蚀性样品可选氟担体；而高沸点组分可选用玻璃微球担体。

（ⅲ）担体粒度一般选用 60～80 目或 80～100 目；高效柱可选用 100～120 目。

d. 合成固定相

（ⅰ）GDX——高分子多孔小球　高分子多孔小球是以苯乙烯等为单体与交联剂二乙烯基苯交联共聚的小球，高分子多孔小球在交联共聚过程中，使用不同的单体或不同的共聚条件，可获得不同分离效能、不同极性的产品。这种聚合物在有些方面具有类似吸附剂的性能，而在另外一些方面又显示出固定液的性能。

高分子多孔小球既可以作为固定相直接使用，也可以作为担体涂上固定液后使用。高分子多孔小球作为固定相对含羟基的化合物具有相对低的亲和力、可选择范围大等优点。在实际应用中常被用来分析有机物中的微量水。

（ⅱ）化学键合固定相　化学键合固定相，又称化学键合多孔微球固定相。这是一种以表面孔径度可人为控制的球形多孔硅胶为基质，利用化学反应方法把固定液键合于担体表面上制成的键合固定相。

化学键合固定相主要有以下优点：具有良好的热稳定性；适合于做快速分析；对极性组分和非极性组分都能获得对称峰；国产商品主要有上海试剂一厂的 500 硅胶系列与天津试剂二厂的 HDG 系列产品，国外的品种主要有美国 Waters 公司生产的 Durapak 系列。

(3) 气-液色谱柱的制备　气相色谱填充柱通常是使用者自己制备。色谱柱柱效的优劣，不仅与选择的固定液和担体有关，而且与固定液的涂渍技术和色谱柱的填充技术有密切的关系。因此，色谱柱的制备是色相气谱法的重要操作技术之一。

气-液色谱填充柱的制备过程主要包括以下几个步骤。

① 色谱柱柱管的选择　色谱柱柱形、柱内径、柱长度都会影响柱的分离效果。

色谱柱柱形由仪器柱箱决定，常见有 U 形柱、螺旋形柱。理论上 U 形柱的柱效稍高于螺旋形柱，但螺旋形柱体积小，为一般仪器常用。

色谱柱的内径大小要合适。内径大，柱效较低，内径小造成填充困难和柱容量降低，所以一般填充柱的内径选用 3～4mm。

色谱柱长度大，柱的分离效果好，但柱子的压降增大，保留时间长。色谱柱长度过大，组分在色谱柱中扩散严重，使峰形加宽，反而使分离效果下降。因此，选择柱长的原则是：最难分离的两个相邻组分得以分离的前提下，尽量选择短柱。通常使用 1～2.5m 长的不锈钢柱子。

② 柱管的试漏与清洗　在选定色谱柱内径和长度后，需要对柱子进行试漏清洗。试漏的方法是将柱子一端用手堵住浸入水中，另一端通入气体，在高于使用时操作压力下，不应有气泡冒出，否则应更换柱子。

柱子的清洗方法应根据柱的材料来选择。若使用的是不锈钢柱，可以用 50～100g·L^{-1} 的热 NaOH 水溶液抽洗 4～5 次，以除去管内壁的油渍和污物，用自来水冲洗至中性，然后再用蒸馏水冲洗一次，放入烘箱烘干备用。

③ 涂渍固定液

（ⅰ）固定液用量的选择　固定液的用量要视担体的性质、样品的性质及其他情况而定。通常将固定液与担体的质量比称为液担比。液担比的大小会直接影响担体表面固定液液膜的厚度，因而也将影响柱的分离效果。液担比低可以提高柱效。但液担比过低，担体表面不能全部被固定液覆盖，则担体会出现吸附现象，造成色谱峰的拖尾。因此，若液担比过低，柱的容量也小，进样量也就要减少。一般常用的液担比为5%左右。

(ⅱ) 固定液的涂渍　固定液涂渍的目的是把固定液均匀地涂渍在担体表面，形成一层薄而均匀的液膜。具体操作如下。

担体经预处理和筛分后，根据柱的容量（截面积×柱长），用量筒量取所需体积的担体（稍加一定余量）。量取的担体置于干燥烧杯中称量。根据确定的液担比，称取固定液置于干燥烧杯中，然后在固定液中加入适当的低沸点有机溶剂（所用的溶剂应能够与固定液完全互溶，并易挥发。常用的溶剂有乙醚、甲醇、丙酮、苯、氯仿等）。溶剂用量应刚好能浸没所称取的担体，待固定液完全溶解后，倾入量取的担体轻轻晃动烧杯（不能搅拌以防担体破碎），赶走气泡。然后在通风橱中或红外灯下除去溶剂（加热温度不能太高，否则固定液涂渍不均匀），待溶剂挥发完全后，即可准备装柱。

对于一些溶解性差的固定液，如硬脂酸盐类、氟橡胶、山梨醇等，需要采用加热回流法涂渍。

④ 色谱柱的装填　将已洗净烘干的色谱柱的一端塞上玻璃棉，包以纱布，接入安全瓶（缓冲瓶）；在柱的另一端放置一专用小漏斗，在不断抽气下，通过小漏斗加入涂渍好的固定相。在装填时，应不断用细木棍轻敲柱管，使固定相填得均匀紧密，直至填满（如图5-27所示）。取下柱管，将柱入口端塞上玻璃棉，并应在标牌上标记气体流向、固定液名称、担体名称等信息。

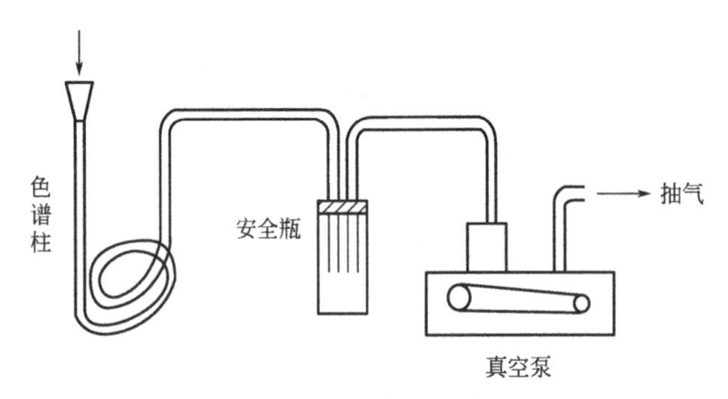

图5-27　泵抽装柱示意图

为了制备性能良好的填充柱，在装柱操作中应注意以下几个方面：

(ⅰ) 担体或固体吸附剂粒度尽可能分布均匀；

(ⅱ) 保证固定液在担体表面涂渍均匀；

(ⅲ) 固定相在色谱柱内填充均匀，如果出现空隙则将使柱效大大降低；

(ⅳ) 装柱过程中避免担体颗粒破碎；

⑤ 色谱柱的老化　新装填好的色谱柱需要先进行老化处理后才能用于测定。

色谱柱老化的目的有两个，一是彻底驱赶走固定相中残存的溶剂和易挥发杂质；二是使固定液更均匀地分布在担体表面。

老化方法是：将装填好的色谱柱接入色谱仪气路中，将色谱柱的出气口（接真空泵的一端）直接通大气，不要接检测器（以免柱中逸出的挥发物污染检测器）。开启载气（不能用氢气），在稍高于操作柱温下（老化温度可选择比实际操作柱温高30℃以上），以较低流速连续通入载气一段时间（老化时间因担体和固定液的种类及质量而异，一般需要24h以上）。然后将色谱柱出口端接至检测器上，开启工作站及计算机，继续老化。待基线平直、稳定、无干扰峰时，说明柱的老化工作已完成，可以进样分析。

（4）柱温的选择　柱温是气相色谱的重要操作条件，柱温直接影响色谱柱的使用寿命、柱的选择性、柱效能和分析速度。柱温低有利于分配，有利于组分之间的分离。但柱温过低，组分保留时间长、被测组分可能在柱中冷凝、传质阻力增加、使色谱峰扩张、甚至造成色谱峰拖尾。柱温高，组分保留时间短、分析速度快、有利于传质。但分配系数变小，不利于组分之间的分离。一般通过实验选择最佳柱温。柱温的选择原则是：即使样品中各个组分分离满足定性、定量分析要求，又不使峰形扩张、拖尾。柱温一般选各组分沸点平均温度或稍低些。

当被分析样品组成复杂、组分的沸点范围很宽时，用某一恒定柱温操作往往造成低沸点组分分离不好，而高沸点组分保留时间很长、峰形扁平。此时采用程序升温的办法可以使高沸点组分及低沸点组分都能获得满意的分离效果及理想的峰形。

在选择、设定柱温时还必须注意：柱温不能高于固定液最高使用温度，否则固定液短时间内大量挥发流失，致使色谱柱寿命降低甚至报废；同时，柱温至少必须高于固定液的熔点，这样才能使固定液有效地发挥作用。

（5）汽化室温度的选择　适宜的汽化室温度既能保证样品迅速且完全汽化，又不引起样品分解。一般汽化室温度设定为比柱温高30～70℃或比样品中组分最高沸点高30～50℃。汽化室温度是否适宜，可通过实验来检验。检验方法是：在不同汽化室温度下重复进样，若出峰数目变化，重现性差，则说明汽化室温度过高；若峰形不规则，出现扁平峰则说明汽化室温度太低；若峰形正常，峰数不变，峰形重现性好则说明汽化室温度合适。

（6）进样量与进样技术

① 进样量　在进行气相色谱分析时，进样量要适当。若进样量过大超过柱容量，将致使色谱峰峰形不对称程度增加、峰变宽、分离度变小、保留值发生变化。峰高和峰面积与进样量不成线性关系，无法定量。若进样量太小，又会因检测器灵敏度不够，不能准确检出。一般对于内径3～4mm、固定液用量为3%～15%的色谱柱，液体进样量为0.1～10μL；检测器为FID时进样量一般不大于1μL。

② 进样技术要求　气相色谱分析液体样品时，要求进样全过程快速、准确。这样可以使液体样品在汽化室汽化后被载气稀释较小，以浓缩状态进入柱内，从而峰的原始宽度窄，有利于分离。反之若进样缓慢，样品汽化后被载气稀释较严重，使峰形变宽，并且不对称，既不利于分离也不利于定量。

为了保证色谱峰的峰形锐利、对称，使分析结果重现性较好，进样时应注意以下操作要点。

a. 使用微量注射器吸取液体样品时，应先用丙酮或乙醚抽洗5～6次后，再用试液抽洗5～6次，然后缓慢抽取（抽取过快针管内容易吸入气泡）一定量试液（稍多于需要量），如有气泡吸入，排除气泡后，再排去过量的试液。

b. 取样后应立即进样。进样时应使注射器针尖垂直于进样口。左手把持针尖以防弯曲，并辅助用力（左手不要触碰进样口，以防烫伤）。右手握住注射器（见图5-28），刺穿硅橡胶垫，快速、准确地推进针杆（针尖不要碰到汽化室内壁，针尖应扎到底）。用右手食指轻巧、迅速地将样品注入（沿注射器轴线方向用力，以防把注射器柱塞杆压弯），注射完成后立即拔出注射器。

c. 进样时针尖穿刺速度、样品注入速度、针尖拔出速度应该保持一致，否则会影响进样的重现性。

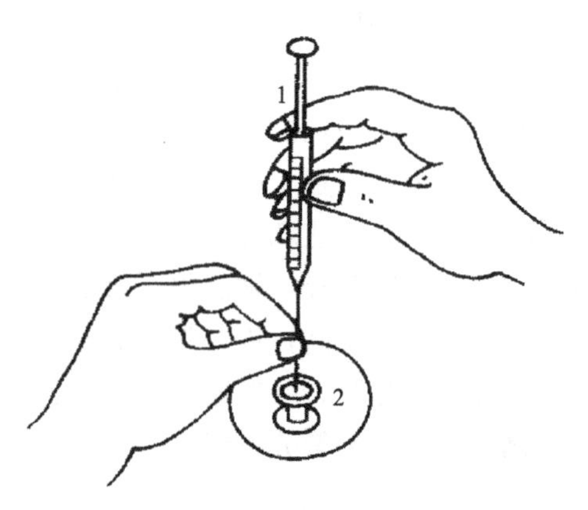

图 5-28　微量注射器进样姿势
1—微量注射器；2—进样口

(7) 气相色谱定性分析　气相色谱定性分析的目的是确定试样的组成，即确定每个色谱峰是由何种物质产生。定性分析的依据是：在一定固定相和一定操作条件下，每种物质色谱峰的保留值是一定的。即保留值具有特征性。但应该特别指出的是在同一色谱条件下，不同物质的色谱峰也可能具有相同的保留值。因此对于一个完全未知的样品单靠色谱法定性比较困难，往往需要采用多种分析方法（例如红外光谱仪与质谱仪联用）予以解决。实际工作中一般所遇到的分析样品，绝大多数其成分大体是已知的，或者可以根据样品来源、生产工艺、用途等信息推测出样品的大致组成和可能存在的杂质。在这种情况下，只需利用简单的气相色谱定性方法便能解决问题。

① 利用保留值定性　在气相色谱分析中利用保留值定性是最简单、最常用的定性方法，其依据是：一种物质在相同的色谱条件下色谱峰的保留值（t_R）不变。但是，相反的结论却不成立，由于化合物数以万计，在相同的色谱条件下不同的组分很有可能具有相同保留值（t_R）。即两个色谱峰保留值相同，却不一定是同一种物质。使用保留值定性时必须对样品情况有较多的了解。例如，样品的生产原料是什么、化学反应式是什么、副反应是什么、样品中可能含有哪些组分等。只有这样才能在利用保留值定性时准确选择用来对照的标准物质。

利用标准物质直接对照定性的操作方法是：用同一根色谱柱在相同的色谱操作条件下分别将未知物和已知标准物质进样，做出色谱图后比较各个色谱峰的 t_R。如图 5-29 中将未知试样(a) 与已知标准物质乙醇(b) 在同样的色谱条件下得到的色谱图，寻找未知试样中和标准物质乙醇保留值（t_R）相同的色谱峰，可以推测未知样品中峰 3 可能是乙醇。如果预知样品中含有乙醇，则可以确定定性结果。如果不确定样品中含有乙醇，若要得到准确可靠的结论，可再选用另一根极性差异较大的色谱柱做比照。分别将未知物和已知标准物质乙醇进样后，如果仍然能够在色谱图中寻找到未知试样和标准物质乙醇保留值（t_R）相互对应的色谱

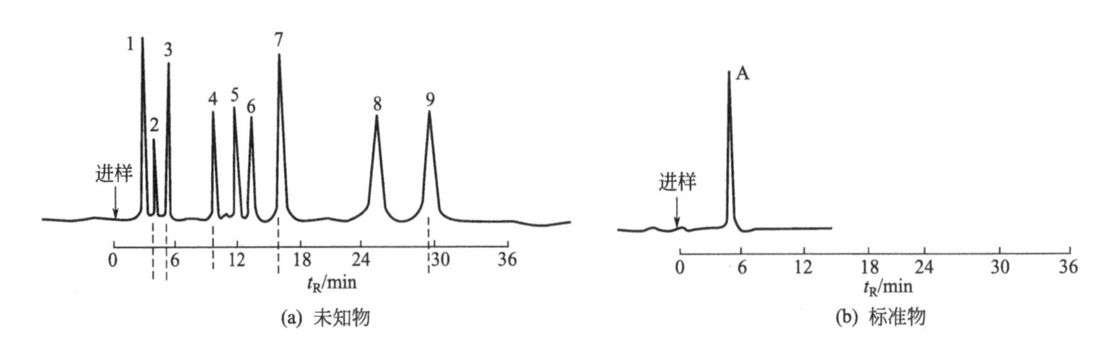

图 5-29　利用已知标准物质直接对照定性（已知标准物：A 为乙醇）

峰，定性结果便比较可靠。利用标准物质直接对照定性的前提是拥有已知标准物，如果没有已知标准物，便只有用其他定性分析方法去解决。保留值受柱温、载气流速和固定相性质、柱长、固定相的填充情况等因素影响。所以，数据不具通用性。

利用标准物质直接对照定性是利用保留时间（t_R）直接比较，这时要求载气的流速和柱温一定要恒定，载气流速的微小波动和柱温的微小变化，都会使保留值（t_R）有变化，从而对定性结果产生影响。

气相色谱定性过程中常采用以下两个方法避免因载气流速和柱温的微小变化而引起的保留时间的变化，从而给定性分析结果带来影响。

a. 利用已知标准物增加峰高法定性　首先，用注射器将一定体积未知样品进样得到色谱图。在同样的色谱条件下，再用注射器吸取相同体积的未知样品后再吸入一定量的已知标准物质进样得到色谱图。然后，对比两张色谱图中哪个峰高增加了，则说明该峰就是加入的已知纯物质的色谱峰。已知标准物增加峰高法定性即可避免因载气流速的微小波动和柱温的微小变化对保留时间的影响而影响定性分析的结果，特别是可避免色谱图图形复杂（各色谱峰保留时间非常接近）利用标准物质直接对照定性的困难。利用已知标准物增加峰高法定性是在仪器控制载气流速和色谱柱温度精度不高的情况下确认某一复杂样品中是否含有某一组分的最好办法。

相对保留值只受柱温和固定相性质的影响，而柱长、固定相的填充情况和载气的流速均不影响。

b. 利用相对保留值 r_{iS} 定性　相对保留值 $r_{iS}=\frac{t'_{Ri}}{t'_{RS}}=\frac{V'_{Ri}}{V'_{RS}}$ 是指在相同色谱操作条件下，组分与参比组分的调整保留值之比。相对保留值只受柱温和固定相性质的影响，而载气流速、固定相的填充情况、柱长均不影响相对保留值（r_{iS}）的大小。即，在柱温和固定相一定时，相对保留值为一定值，用相对保留值定性可得到较可靠的结果。

② 利用保留指数定性　利用已知标准物直接对照定性，一个实验室也不可能具备很多各种各样的已知标准物质，也就是说得到已知标准物质往往很困难。因此，利用文献值对照定性的方法，即利用已知的标准物质的文献保留值与未知物的测定保留值进行对照进行定性分析可以解决没有已知标准物质进行定性的困难。匈牙利色谱学家柯瓦特（E. Kovats）1958 年提出用保留指数（I）用于定性分析，这是目前被国际上公认、使用最广泛的定性指标。

a. 保留指数的定义　选择两个正构烷烃（一个正构烷烃的调整保留时间在被测组分的调整保留时间之前，一个在其后），在一定条件下，将两个正构烷烃和待测组分进样，某组分 X 的保留指数 I_X 可用式（5-19）计算：

$$I_X=100\times\left[Z+n\frac{\lg t'_{R(X)}-\lg t'_{(Z)}}{\lg t'_{R(Z+n)}-\lg t'_{R(Z)}}\right] \tag{5-19}$$

式中，$t'_{R(X)}$、$t'_{R(Z)}$、$t'_{R(Z+n)}$ 分别代表组分 X 和具有 Z 及 $Z+n$ 个碳原子数的正构烷烃的调整保留时间（也可用调整保留体积）。n 为两个正构烷烃碳数差，可以为 1、2、3、…，碳数差值不宜过大。

b. 保留指数的测定　测定某一物质保留指数的步骤：首先，将待测物质与两正构烷烃混合在一起进样（或分别进样），在相同色谱条件下进行分析，测出保留值，按式（5-19）

计算出被测组分保留指数 I_X。然后将计算出的 I_X 值与文献值对照定性。

保留指数只受柱温和固定液性质的影响，因此，保留指数测定的色谱实验条件必须与文献一致。定性结果不十分确定时，也可用双柱法进一步确认。保留指数测定的准确度和重现性一般都很好，用同一色谱柱测定误差小于1%。

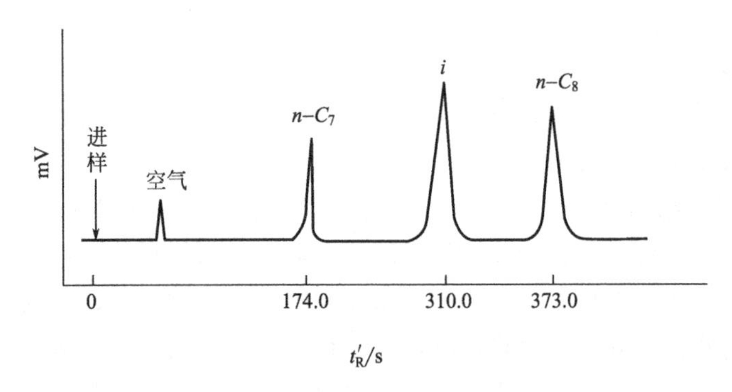

图 5-30 保留指数测定示意图

【例 5-1】 实验测得某组分的调整保留时间为310.0s。又测得正庚烷和正辛烷的调整保留时间分别为174.0s和373.4s，如图5-30所示。计算此组分保留指数（测定条件为：阿皮松L柱、柱温100℃）。

解 已知：$t'_{R(X)}=310.0s$；$t'_{R(Z)}=174.0s$；$t'_{R(Z+n)}=373.4s$；$Z=7$；$Z+n=8$；$n=8-7=1$

代入式（5-19）得：

$$I_X=100\times\left[7+1\times\left(\frac{\lg 310.0-\lg 174.0}{\lg 373.4-\lg 174.0}\right)\right]=775.6$$

从手册上可以查得，阿皮松L色谱柱、柱温100℃条件下，$I=775.6$ 是乙酸乙酯，再用纯乙酸乙酯对照实验，即可确认该组分是乙酸乙酯。

c. 利用保留指数定性的特点　由于很多色谱手册、色谱文献上可以查到很多纯物质的保留指数，因此使用保留指数定性十分方便。保留指数的重现性较好，精度可达±0.03个指数单位。保留指数仅与柱温和固定相性质有关，与色谱操作条件无关。对于一些文献上没有保留指数报道的复杂的天然产物、多官能团的化合物无法采用保留指数进行定性。

③ 联机定性　色谱法利用上述两种办法定性，常因找不到对应的已知标准物质或文献上没有保留指数报道而发生困难。此外，由于很多物质的保留值十分接近，甚至相同，常常影响定性结果的准确性。

利用色谱法分离能力强和“四大谱”——质谱法、红外光谱法、紫外光谱法和核磁共振波谱法对于单一组分（纯物质）的有机化合物定性能力强的特点，将色谱分析与这些仪器联用，就能充分发挥各自的方法优势，很好地解决组成复杂的混合物的定性分析问题。

联用方法是将色谱仪与上述几种仪器通过“接口”直接连接起来。将色谱分离后的每一组分，通过“接口”输送到上述仪器中进行定性分析。色谱和所联用的仪器就成为了一个整体——联用仪。联用仪可以同时进行样品的定性和定量分析，是非常有效的分析手段，但是由于仪器结构复杂、技术含量高，价格昂贵。

如果色谱仪与上述几种仪器没有合适的连接技术，也可将色谱分离后需要进行定性分析的组分收集起来，然后再用上述“四大谱”的方法或其他的定性分析方法进行分析。这样的操作方法烦琐，费时。

除以上介绍的常用定性方法外，还有碳数规律法、沸点规律法、与化学反应结合定性等方法，由于应用很少在这里不做介绍。

(8) 气相色谱定量分析

① 气相色谱定量分析原理　气相色谱定量分析的目的就是确定样品中某一组分的准确含量。

a. 定量分析基本公式　气相色谱法检测器在一定条件下的响应值与被测组分的量成正比，根据这一正比关系建立定量分析方法。即，在色谱分析中，在一定条件下，检测器的响应值（色谱峰的峰高或峰面积）与所测组分的质量（或浓度）成正比。因此，色谱分析的基本定量公式为：

$$w_i = f_i A_i \tag{5-20}$$

或

$$c_i = f_i h_i \tag{5-21}$$

式中，w_i 为某组分 i 的质量；c_i 为某组分 i 的浓度；f_i 为某组分 i 的校正因子；A_i 为某组分 i 的峰面积；h_i 为某组分 i 的峰高。在色谱定量分析中，什么时候采用 A_i，什么时候采用 h_i，将视具体情况而定。一般来说，对浓度敏感型检测器，常用峰高定量；对质量敏感型检测器，常用峰面积定量。

b. 峰高和峰面积的准确测定　峰高是色谱峰最高点至峰底（或基线）间的距离，峰面积是色谱峰与峰底（或基线）所围成的面积。峰高和峰面积是气相色谱定量的依据，它们的测量精度将直接影响定量分析的准确性。峰底是峰的起点至峰的终点之间的一条连接直线。一个完全分离的峰，峰底与基线重合。

使用计算机和色谱工作站测量峰高或峰面积，计算机可根据设定的积分参数和基线来测算每个色谱峰的峰高和峰面积，计算机还可根据输入的参数计算出定量结果。峰高和峰面积值和定量结果可在显示器上显示或用打印机打印出峰高和峰面积值和定量结果。

c. 定量校正因子的测定　气相色谱定量分析是基于待测组分的量与其峰高或峰面积成正比的关系。峰高或峰面积的大小不仅与组分的量有关，而且还与检测器性能及组分的性质有关。即，使用同一检测器测定相同质量的不同组分时，由于组分性质不同，检测器对其响应值能力则不同，因而产生的峰高或峰面积也不同。因此不能直接利用峰高或峰面积计算组分含量，需通过引入“定量校正因子”来校正峰面积。定量校正因子分为绝对定量校正因子和相对定量校正因子。

(ⅰ) 绝对定量校正因子（f_i）　绝对校正因子是指单位峰面积或单位峰高所代表的组分的量，即：

$$f_i = m_i / A_i \tag{5-22}$$

或

$$f_{i(h)} = m_i / h_i \tag{5-23}$$

式中，m_i 为某组分质量（或物质的量，或体积），A_i 为某组分峰面积，h_i 为某组分峰高。准确求出各组分的绝对校正因子，一方面要在严格控制色谱操作条件不变的前提下，准确测量出峰面积或峰高，另一方面要准确知道进入检测器的组分的量 m_i。满足这些要求在实际工作中十分困难。因此，实际测定中通常不使用绝对定量校正因子，而是采用相对定量校正因子。

（ⅱ）相对定量校正因子（f_i'）　相对校正因子是指某一组分 i 与另一标准物 S 的绝对校正因子之比，用 f_i'表示：

$$f_i'=\frac{f_i}{f_S}=\frac{m_iA_S}{m_SA_i} \tag{5-24}$$

或

$$f_i'=\frac{f_i}{f_S}=\frac{m_ih_S}{m_Sh_i} \tag{5-25}$$

式中，f_i'为相对校正因子；f_i 为 i 物质的绝对校正因子；f_S 为基准物质的绝对校正因子；m_i 为 i 物质的质量；A_i 为 i 物质的峰面积；h_i 为 i 物质的峰高；m_S 为基准物质的质量；A_S 为基准物质的峰面积；h_S 为基准物质的峰高。

不同检测器常用的基准物质是不同的。热导检测器常用苯作基准物，氢火焰离子化检测器常用正庚烷作基准物质。

相对校正因子是一个无量纲量，根据物质量的表示方法不同，校正因子可分为相对质量校正因子、相对摩尔校正因子和相对体积校正因子。

组分的量以质量表示时的相对校正因子称相对质量校正因子，用 f_m'表示。f_m'是最常用的校正因子。

$$f_m'=\frac{f_{i(m)}}{f_{S(m)}}=\frac{m_i/A_i}{m_S/A_S}=\frac{A_Sm_i}{A_im_S} \tag{5-26}$$

式中，下标 i、S 分别代表被测物和标准物。

组分的量以物质的量表示时的相对校正因子称相对摩尔校正因子，用 f_M'表示。

$$f_M'=\frac{f_{i(M)}}{f_{S(M)}}=f_m'\frac{M_S}{M_i} \tag{5-27}$$

式中，M_i、M_S 分别为被测物和标准物的摩尔质量。

对于气体样品，以体积计量时的相对校正因子称为相对体积校正因子，以 f_V'表示。当温度和压力一定时，相对体积校正因子等于相对摩尔校正因子，即：

$$f_V'=f_M' \tag{5-28}$$

上述相对校正因子均是峰面积校正因子，若用峰高 h_i、h_S 替代上述各式中的峰面积 A_i 和 A_S，则可以得到三种峰高相对校正因子，即 $f_{m(h)}'$、$f_{M(h)}'$、$f_{V(h)}'$。

（ⅲ）校正因子的测定方法。准确称取色谱纯（或已知准确含量）的被测组分和基准物质，混合配制成已知准确质量比的样品，在适宜的色谱条件下，取一定体积的样品进样，准确测量所得组分和基准物质的色谱峰峰面积，根据式（5-26）、式（5-27）和式（5-28），就可以计算出相对质量校正因子，相对摩尔校正因子和相对体积校正因子。

② 定量测定方法　气相色谱中常用的定量方法有归一化法、内标法和标准加入法、标准曲线法。各种定量方法有其各自的特点和适用情况。实际分析工作中须根据样品的情况、分析的目的及分析要求选择适宜的定量方法。

a. 归一化法　适用情况：当试样中所有组分均能流出色谱柱，并在检测器中都能产生信号（即样品中所有组分全部出峰）时，可使用归一化法测定组分含量。

如果试样中有 n 个组分，各组分的质量分别为 m_1，m_2，…，m_n，在一定条件下测得各组分峰面积分别为 A_1，A_2，…，A_n，或各组分峰高分别为 h_1，h_2，…，h_n，则组分 i 的质量分数 $w_{(i)}$ 为：

$$w_{(i)}=\frac{m_i}{m}=\frac{m_i}{m_1+m_2+\Lambda+m_n}=\frac{f'_iA_i}{f'_1A_1+f'_2A_2+\Lambda+f'_nA_i}=\frac{f'_iA_i}{\sum f'_iA_i} \tag{5-29}$$

或 $$w_{(i)}=\frac{m_i}{m}=\frac{m_i}{m_1+m_2+\Lambda+m_n}=\frac{f'_{(h)i}h_i}{f'_{1(h)}h_1+f'_{2(h)}h_2+\Lambda+f'_{n(h)}h_i}=\frac{f'_{i(h)}h_i}{\sum f'_{i(h)}h_i} \tag{5-30}$$

式中，f'_i为组分 i 的相对质量校正因子；A_i 为组分 i 的峰面积。

当 f'_i为摩尔校正因子或体积校正因子时，所得结果分别为 i 组分的摩尔分数或体积分数。

归一化法定量的优点是不需准确进样（进样量的多少与测定结果无关），操作条件（如流速，柱温）的变化对定量结果的影响很小。

归一化法定量的缺点是试样中的组分不能全部出峰，则不能采用归一化法定量。归一化法定量需要测量、计算所有组分的 A_i 和 f'_iA_i，如果测定组分非常多的样品中少数几个组分的含量则较为麻烦。从文献中虽然可以查到常见化合物的校正因子，但要得到准确的校正因子，还是需要用每一组分的基准物质直接测量。

b. 标准加入法 标准加入法是内标法的一种特殊操作。在选择不到合适的内标物时，用待测组分的纯物质加入到待测样品中作为内标物。

标准加入法具体操作如下：首先在一定的色谱条件下将样品注入气相色谱仪，得到样品的色谱图，测定待测组分 i 的峰面积 A_i（或峰高 h_i）；然后准确称量一定量样品，在该样品中通过称量准确加入待测组分（i）的纯物质或标样（计算待测组分的浓度增量为 Δw_i），在相同的色谱条件下，注入已加入待测组分（i）标样或纯物质后的样品得到色谱图，测定加标后待测组分（i）的峰面积 A'_i(或峰高 h'_i)。

$$w_i=f'_iA_i$$
$$\Delta w_i=f'_i\Delta A=f'_i(A'_i-A_i)$$

待测组分的含量 w_i 为：

$$w_i=\frac{\Delta W_i}{\frac{A'_i}{A_i}-1} \tag{5-31}$$

或 $$w_i=\frac{\Delta W_i}{\frac{h'_i}{h_i}-1} \tag{5-32}$$

标准加入法的优点是：只需加入待测组分的纯物质，不需要另外的标准物质作内标物，减少了组分间分离的困难。如果将样品和加入待测组分后的样品在相同条件下进行预处理(如浓缩、萃取、衍生化等)，则可以完全补偿待测组分在预处理过程中的损失。

标准加入法的缺点是：加入待测组分前后两次测定的色谱条件必须完全相同，即保证两次测定时的校正因子（f'_i）完全相等，加入待测组分前后两次测定的进样量必须十分准确，否则将使测定误差增大。

（三）训练基本技能

1. 气相色谱气路连接、安装和检漏

（1）实训目的

①学会连接安装气路中各部件；

②学习气路的检漏和排漏方法；

③学会用皂膜流量计测定载气流量。

(2) 仪器与试剂

102-G型气相色谱仪；气体钢瓶；减压阀；净化器；色谱柱；聚四氟乙烯管；垫圈；皂膜流量计。

肥皂水。

(3) 实验内容与操作步骤

① 准备工作

a. 根据所用气体选择减压阀　使用氢气钢瓶选择氢气减压阀（氢气减压阀与钢瓶连接的螺母为左螺纹）；使用氮气（N_2）、空气等气体钢瓶，选择氧气减压阀（氧气减压阀与钢瓶连接的螺母为右旋螺纹）。

b. 准备净化器　清洗气体净化管并烘干。分别装入分子筛、硅胶。在气体出口处，塞一段脱脂棉（防止将净化剂的粉尘吹入色谱仪中）。

c. 准备一定长度（视具体需要而定）的不锈钢管（或尼龙管、聚四氟乙烯管）。

② 连接气路

a. 连接钢瓶与减压阀接口；

b. 连接减压阀与净化器；

c. 连接净化器与仪器载气接口；

d. 连接色谱柱（柱一头接汽化室，另一头接检测器）。

③ 气路检漏

a. 钢瓶至减压阀间的检漏　关闭钢瓶减压阀上的气体输出节流阀，打开钢瓶总阀门（此时操作者不能面对压力表，应位于压力表右侧），用皂液（洗涤剂饱和溶液）涂在各接头处（钢瓶总阀门开关、减压阀接头、减压阀本身），如有气泡不断涌出，则说明这些接口处有漏气现象。

b. 汽化密封垫圈的检查　检查汽化密封垫圈是否完好，如有问题应更换新垫圈。

c. 气源至色谱柱间的检漏（此步在连接色谱柱之前进行）　用垫有橡胶垫的螺帽封死汽化室出口，打开减压阀输出节流阀并调节至输出表压0.25MPa；打开仪器的载气稳压阀（逆时针方向打开，旋至压力表呈一定值）；用皂液涂各个管接头处，观察是否漏气，若有漏气，须重新仔细连接。关闭气源，待0.5h后，仪器上压力表指示的压力下降小于0.05MPa，则说明汽化室前的气路不漏气；否则，应仔细检查找出漏气处，重新连接，再行试漏。

d. 汽化室至检测器出口间的检漏　接好色谱柱，开启载气，输出压力调在0.2～0.4MPa。将转子流量计的流速调至最大，再堵死仪器主机左侧载气出口处，若浮子能下降至底，表明该段不漏气。否则再用皂液逐点检查各接头，并排除漏气（或关载气稳压阀0.5h后，仪器上压力表指示的压力下降小于0.05MPa，说明此段不漏气，反之则漏气）。

④ 结束工作

a. 关闭气源；

b. 关闭高压钢瓶，关闭钢瓶总阀，待压力表指针回零后，再将减压阀关闭（T字阀杆逆时针方向旋松）；

c. 关闭主机上载气稳压阀（顺时针旋松）；

d. 填写仪器使用记录，做好实验室整理和清洁工作，并进行安全检查后，方可离开实验室。

（4）注意事项

① 高压气瓶和减压阀螺母一定要匹配，否则可能导致严重事故；

② 安装减压阀时应先将螺纹凹槽擦净，然后用手旋紧螺母，确实入扣后再用扳手扣紧；

③ 安装减压阀时应小心保护好“表舌头”，所用工具忌油；

④ 在恒温室或其他近高温处的接管，一般用不锈钢管和紫铜垫圈（或石墨垫圈）而不用塑料垫圈；

⑤ 检漏结束应将接头处涂抹的肥皂水擦拭干净，以免管道受损，检漏时氢气尾气应排出室外；

2. 气相色谱填充柱的制备

（1）实训目的

① 学习固定液的涂渍技术；

② 学习气-液色谱填充柱的装填和老化技术。

（2）仪器与试剂　托盘天平；分析天平；真空泵；标准筛；气相色谱仪；不锈钢空柱。

6201 担体（60～80 目）；乙醚；邻苯二甲酸二壬酯（色谱纯）；盐酸（AR）；氢氧化钠（AR）。

（3）实验内容与操作步骤

① 选择、清洗和干燥色谱柱管

a. 选择一根内径为 3mm、柱长为 1～2m 的不锈钢空柱（若使用已用过的柱管，应先倒出原装填的固定相）。

b. 清洗柱管。将选好的柱管用 50～100g·L^{-1}氢氧化钠热溶液反复抽洗柱管内壁 3～4 次后，用自来水抽洗，再用 $w_{HCl}=10\%$的盐酸溶液抽洗 3 次，最后用自来水冲至中性。

c. 试漏烘干。将柱管一端堵住，另一端通入气体，用肥皂水检查有无漏气。若无漏气，再将柱管用蒸馏水冲洗至无 Cl^-，并抽去水分后于烘箱内 120℃左右干燥。

② 担体的预处理　称取 100g 60～80 目的 6201 红色硅藻土担体置于 400mL 烧杯中，加入 c（HCl）＝6mol·L^{-1}盐酸溶液，浸泡 20～30min，然后用水清洗至中性，抽滤后转移至蒸发皿中，于 105℃烘箱内烘干 4～6h。取出，冷却后，再用 60～80 目标准筛除去过细或过粗的筛分，并保存在干燥器内备用（若为已经预处理的市售商品担体，则可不必酸洗，但需要在 105℃烘箱内烘干 4～6h 后再使用）。

③ 估计担体和固定液的用量

a. 估算担体用量（$m_{载}$）　先根据柱管长度（L）和管内径（d）计算柱管容积，再过量 20%～40%。

柱管容积 $V_{柱}=\pi d^2 L/4$

当 $L=2$m，$d=3$mm 时，$V_{柱}=3.14\times0.3^2\times200/4=14.1\text{cm}^3$

b. 按过量 30%计算　$V_{实际}=14.1\times(1+30\%)=18.3$mL

用量筒取经筛分为 60～80 目的红色担体 18mL，然后称出其质量 m_S（准确至 0.01g）。

c. 计算固定液用量（m_L）　根据液载比及担体质量 m_S，计算固定液用量。本实验选用液载比为10%，则：

$$m_L = m_S \times \frac{10}{100}$$

在托盘天平上称取 m_L(g) 固定液邻苯二甲酸二壬酯于400mL烧杯中。

④ 配制固定液溶液

a. 估算溶解固定液的溶剂用量　溶剂用量以恰能完全浸没担体为宜。一般按体积计算，大约为担体的0.8～1.2倍。本实验取1.1倍，即20mL。

注意！所选溶剂应能溶解固定液，不可出现悬浮或分层等现象，同时溶剂应能完全浸没担体。本实验用乙醚作溶剂。

b. 配制固定液溶液　在盛有固定液的烧杯中，加入20mL乙醚，搅拌使固定液溶解。

⑤ 涂渍固定液　把担体倒入装有固定液的烧杯中，轻轻摇匀。

⑥ 挥发溶剂　将烧杯放通风橱中任溶剂自然挥发，并随时轻摇，待近干后再将烧杯置于红外干燥箱内，烘干20～30min，最后再用60～80目筛子筛分。

⑦ 柱子的装填　在已清洗烘干的不锈钢柱管一端塞入一小段玻璃棉和铜网，管口包扎纱布后，通过三通活塞开关和缓冲瓶接真空泵减压抽气。另一端接一小漏斗，向小漏斗中连续加入固定相，并用小木棒轻轻敲打柱管，当漏斗中固定相不再下降时，说明柱已填满。此时使三通活塞通大气，然后关泵，去掉漏斗，并在这一端塞入一小段玻璃棉，做好进气端和出气端标记。

装柱前在台秤上先称好空柱质量，装完后再称一次实柱质量，两者之差便是装填量。

⑧ 老化处理

a. 把填充好的色谱柱的进口端（接小漏斗的一端）接入仪器的汽化室，另一端连接一小段细接管抵住玻璃棉后放空。

b. 通入载气、控制较低流速（10～15mL·min^{-1}）。开启色谱仪上总电源和柱室温度控制开关，调节柱室温度至110℃进行老化处理4～8h。然后接上检测器，并启动记录仪电源或色谱工作站，若记录的基线平直，说明老化处理完成，即可用于测定。

⑨ 老化结束后，按正确关机程序结束实验工作。

（4）注意事项

① 担体在浸泡、清洗和涂渍过程中不可用玻璃棒搅拌。

② 挥发溶剂时，烘烤温度不宜过高，以免担体爆裂。烘干过程中要经常轻摇烧杯，溶剂挥发应缓慢进行，否则涂渍不均匀。

③ 填充色谱柱时，不得敲打过猛，以免固定相破碎；填充后，若色谱柱内的固定相出现断层或间隙，则应重新装填。

3. 载气流速及柱温变化对分离度的影响

组分间实际分离状态可用分离度来衡量，分离度可通过调整柱温、柱压和气液体积等因素来改变，从而达到改善分离度的目的。

（1）仪器与试剂　带热导检测器的气相色谱仪；色谱数据处理机；色谱柱SE-30（80～100目，ϕ4mm×2m）；1支1μL微量注射器；1支5μL微量注射器。

氢气；乙醇、丙醇、丁醇标样及未知混合样。

（2）实验内容与操作步骤

① 色谱仪的开机和调试

a. 打开载气，确保载气流经热导检测器，并调整流速为 40mL・min^{-1}；

b. 打开汽化室、柱箱、检测器的控温装置，将温度分别调节为 150℃，100℃，120℃；

c. 打开桥流，调至 100mA；

d. 打开色谱数据处理机，输入测量参数。

② 标准和未知试样的分析测定

a. 仪器稳定后，分别注入 0.2μL 乙醇、丙醇、丁醇标准样品，记录保留时间；

b. 注入空气样品 2μL，记录空气保留时间；

c. 注入 1μL 未知样品，记录保留时间和半峰宽；

d. 确定未知样品各个峰所代表的物质。

③ 不同柱温下测定未知样品　柱温分别在 90℃，110℃，120℃，130℃重复测定未知样品和空气的保留时间以及半峰宽，流速依然为 40mL・min^{-1}。

④ 在不同流速下测定未知样品　流速调整为 10mL・min^{-1}、20mL・min^{-1}、60mL・min^{-1}、80mL・min^{-1}、100mL・min^{-1}，重复测量未知样品和空气的保留时间及半峰宽，柱温恒定在 100℃。

⑤ 结束工作

a. 实验结束后，关闭桥电流，关闭加热系统，关闭总电源，关闭色谱数据处理机；

b. 待柱温降至室温后关闭载气；

c. 清理仪器台面，填写仪器使用记录。

(3) 注意事项

① 改变柱温和流速后，待仪器稳定后再进样；

② 为了保证峰宽测量的准确，应调整适当的峰宽参数；

③ 控制柱温的升温速率，切忌过快，以保持色谱柱的稳定性。

三、工作过程

(一) 仪器与试剂

气相色谱仪；色谱工作站；色谱柱（DNP 柱）；氢气钢瓶；试剂瓶。

异丁醇；仲丁醇；叔丁醇；正丁醇（分析纯）。

邻苯二甲酸二壬酯是一种常用的具有中等极性的固定液，用它制备的 DNP 色谱柱对醇类有很好的选择性，特别是对四种丁醇异构化合物的分析，在一定的色谱操作条件下，四种丁醇异构化合物可完全分离（图 5-31），而且分析时间短，一般只需几分钟。

(二) 检测步骤

1. 准备工作

(1) 配制混合物试样　用一干燥且洁净的试剂瓶（青霉素瓶）称取 0.5g 叔丁醇、0.6g 仲丁醇、0.5g 异丁醇、0.5g 叔丁醇（称准至 0.001g），混合均匀、备用。

(2) 色谱仪的开机及参数设置　通入载气（H_2），检查气密性完好后，调节载气流量为 20～30mL・min^{-1}。打开色谱仪电源，设置实验条件如下：柱温 75℃，汽化室温度 160℃，热导检测器温度80℃，桥电流150mA，纸速300mm/h，衰减比1∶1。打开色谱数据处理机。

2. 混合试样的分析

待仪器电路和气路系统达到平衡，基线平直后，用1μL清洗过的微量注射器，吸取混合试样0.6μL进样，分析测定，记录分析结果。

按上述方法再进样分析测定两次，记录分析结果。

3. 结束工作

实验完成后，清洗进样器，按正确关机程序关机，并清理仪器台面，填写仪器使用记录。

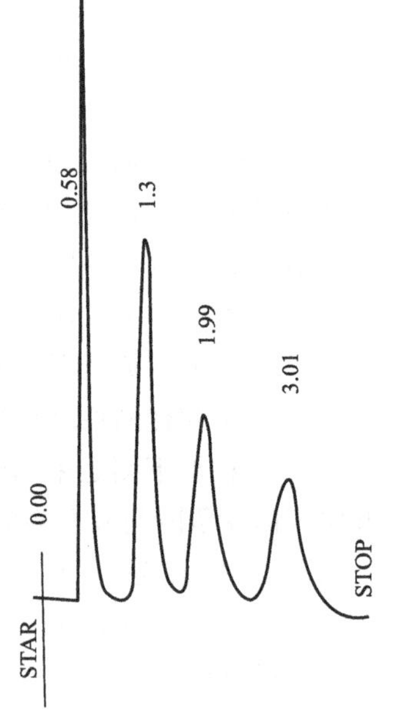

图5-31 丁醇异构化合物的分离

（三）注意事项

（1）如果峰信号超出量程以外，样品量可酌情减少，或者增加衰减比；

（2）如果用N_2作载气，桥电流一般选用100mA。

（四）数据处理

（1）记录实验条件。

（2）将色谱图上测量出的各组分的峰高、半峰宽、计算的峰面积等填入下表。

组分	f'_m	h_i/mm				$W_{1/2}$/mm				A/mm^2	w_i
		1	2	3	平均值	1	2	3	平均值		
叔丁醇	0.98										
仲丁醇	0.97										
异丁醇	0.98										
伯丁醇	1.00										

（3）按下式计算各组分的质量分数：

$$w_i=\frac{f'_iA_i}{\sum_{i=1}^{n}f'_iA_i}$$

四、检查与评价

（一）选择题

1. 在气-固色谱中，样品中各组分的分离是基于（　　）。

A. 组分在吸附剂上吸附能力的不同　　B. 组分溶解度的不同

C. 组分性质的不同　　D. 组分在吸附剂上脱附能力的不同

2. 在气-液色谱中，首先流出色谱柱的组分是（　　）。

A. 吸附能力大的　　B. 吸附能力小的　　C. 挥发性大的　　D. 溶解能力小的

3. 范特姆特方程式主要说明（　　）。

A. 板高的概念　　B. 色谱峰的扩张　　C. 柱效降低的影响因素

D. 组分在两相间的分配情况　　E. 色谱分离操作条件的选择

4. 气相色谱的定性参数有（　　）。

A. 保留值　　B. 相对保留值　　C. 保留指数　　D. 峰高或峰面积

5. 气相色谱的定量参数有（　　）。

A. 保留值　　B. 相对保留值　　C. 保留指数　　D. 峰高或峰面积

6. 如果样品比较复杂，相邻两峰间距离太近或操作条件不易控制稳定，要准确测量保留值有一定困难时，可采用（　　）。

A. 相对保留值进行定性

B. 加入已知物以增加峰高的办法进行定性

C. 文献保留值数据进行定性

D. 利用选择性检测器进行定性

7. 气相色谱谱图中，与组分含量成正比的是（　　）。

A. 保留时间　　B. 相对保留值　　C. 峰高　　D. 峰面积

8. 在法庭上，涉及到审定一个非法的药品，起诉表明该非法药品经气相色谱分析测得的保留时间，在相同条件下，刚好与已知非法药品的保留时间相一致。辩护证明：有几个无毒的化合物与该非法药品具有相同的保留值。你认为用下列哪个检定方法为好？（　　）

A. 利用相对保留值进行定性　　B. 用加入已知物以增加峰高的办法

C. 利用文献保留指数进行定性　　D. 用保留值的双柱法进行定性

（二）填空题

1. 色谱图是指____________通过检测器系统时所产生的__________对___或________的曲线图。

2. 一个组分的色谱峰，其峰位置（即保留值）可用于________，峰高或峰面积可用于______。

3. 色谱分离的基本原理是__________通过色谱柱时与_____之间发生相互作用，这种相互作用大小的差异使_______互相分离而按先后次序从色谱柱后流出；这种在色谱柱内______、起________作用的填料称为固定相。

4. 气-固色谱的固定相是______；气-液色谱的固定相是_______。

5. 在气-固色谱中，各组分的分离是基于组分在吸附剂上的_____和____能力的不同；而在气-液色谱中，分离是基于各组分在固定液中______和_____能力的不同。

6. 色谱峰越窄，表明理论塔板数就越___，理论塔板高度就越____，柱效能越___。

7. 有效理论塔板数与理论塔板数之间的区别在于前者________的影响。

8. 范特姆特方程式，说明了_____和_____关系。

9. 涡流扩散与_________和________有关。

10. 分子扩散又称________，与_______及________有关。

11. 色谱峰越窄，表明理论塔板数就越_______，理论塔板高度就越________，柱效能越_______。

12. 有效理论塔板数与理论塔板数之间的区别在于前者________的影响。
13. 范特姆特方程式，说明了_______和_______关系。
14. 涡流扩散与___________和__________有关。
15. 分子扩散又称_______，与__________及________有关。

（三）简答题

1. 简要说明气相色谱的分析流程。
2. 什么情况下，应对色谱柱进行老化？
3. 影响热导检测器灵敏度的因素有哪些？
4. 双柱双气路与单柱单气路气相色谱仪相比各有什么优点？
5. 试说明气相色谱仪气路检漏的两种常用的方法。
6. 适合于作气-液色谱的固定液应具备哪些条件？
7. 用实例说明固定液选择的一般原则。
8. 简述色谱柱的老化方法。
9. 应用归一化法定量应该满足什么条件？
10. 选择内标物的条件是什么？

（四）计算题

1. 在一个苯系混合液中，用气相色谱法分析，测得如下数据。计算各组分的含量。

组分	苯	甲苯	邻二甲苯	对二甲苯	间二甲苯
f'_i	0.780	0.794	0.840	0.812	0.801
h/cm	4.20	3.06	7.50	2.98	1.67
b/cm	0.30	0.32	0.34	0.35	0.38

2. 用内标法测定燕麦敌含量。称取 8.12g 试样，加入内标物正十八烷 1.88g，测得样品峰面积 $A_i=68.00\text{cm}^2$、正十八烷峰面积 $A_S=23.24\text{cm}^2$，已知燕麦敌对内标物的相对校正因子 $f'_{i/S}=2.40$。求燕麦敌的质量分数。

任务四 工业无水乙醇中水分含量测定

一、工作任务书

“工业无水乙醇中水分含量测定”工作任务书

工作任务	某企业产品工业无水乙醇中水分的测定
任务分解	1. 按照分析方法要求，制备标准溶液； 2. 配置仪器、选择最佳操作条件； 3. 运用外标法法完成定量测定
目标要求	**技能目标** 1. 熟练气相色谱仪开关机操作方法； 2. 根据样品分离情况选择最佳分离条件； 3. 掌握 TCD 检测器工作条件的设置

续表

工作任务	某企业产品工业无水乙醇中水分的测定
	知识目标 1. 气相色谱法分析原理； 2. 掌握气相色谱法选择固定液、选择操作条件； 3. 掌握气相色谱定性分析方法； 4. 掌握气相色谱外标法定量
学生角色	企业化验员
成果形式	学生原始数据单、检验报告单、知识和技能学习总结
备注	

二、 前导工作

（一） 查阅相关国家标准

见项目一中任务一。

（二） 储备基本知识

外标法也称直接比较法或标准曲线法，是一种快速、简便、误差相对较大的定量方法，常用于气体样品分析。

标准曲线法具体步骤是：用标准物配制成不同浓度的标准系列（测定气体样品时可以购置不同浓度的标准气），在相同的色谱条件下等体积准确进样。分别测量标准系列中待测组分色谱峰的峰面积或峰高，以峰面积或峰高对应待测组分浓度绘制标准曲线，理想的标准曲线应该是通过原点的直线（存在系统误差时标准工作曲线不通过原点）。

注入待测样品时，须保证色谱条件与绘制标准曲线时完全相同，测量样品中待测组分峰面积或峰高，然后根据峰面积和峰高在标准曲线上直接查出样品组分的浓度。

当已知待测组分的大概含量且待测组分含量变化不大时，可以采用单点校正法（直接比较法）定量。具体步骤是：配制一份和待测样品含量相近的已知浓度的标准样品，在相同的色谱条件下，分别将待测样品和标准样品等体积进样，得到色谱图。分别测量待测样品和标准样品中待测组分的峰面积或峰高，然后由式（5-33）和式（5-34）计算样品中待测组分的含量：

$$w_i=\frac{w_S}{A_S}A_i \tag{5-33}$$

$$w_i=\frac{w_S}{h_S}h_i \tag{5-34}$$

式中 w_S——标准样品中待测组分的质量分数；

w_i——样品中待测组分的质量分数；

A_S（h_S）——标准样品中待测组分的峰面积（峰高）；

A_i（h_i）——样品中待测组分的峰面积（峰高）。

单点校正法受系统误差和偶然误差影响较大，因而测定误差比标准曲线法要大。

标准曲线法的优点是：绘制好标准工作曲线后样品测定非常简单，可直接从标准工作曲线上读出样品中组分含量，非常适合大批量样品的分析。

标准曲线法的缺点是：分析样品的色谱条件（检测器灵敏度，柱温，载气流速，进样量等）很难完全一致，因此容易出现较大误差。

以 GDX 为固定相，利用高分子多孔微球的弱极性和强憎水性可分析有机溶剂（醇类、酮类、醛类、烃类、氯代烃、酯类和部分氧化剂、还原剂）中的微量水分。其特点是水保留值小，水峰陡而对称，从而使水峰在一般有机溶剂峰之前流出。图 5-32 是用外标法测定乙醇中微量水的色谱图。

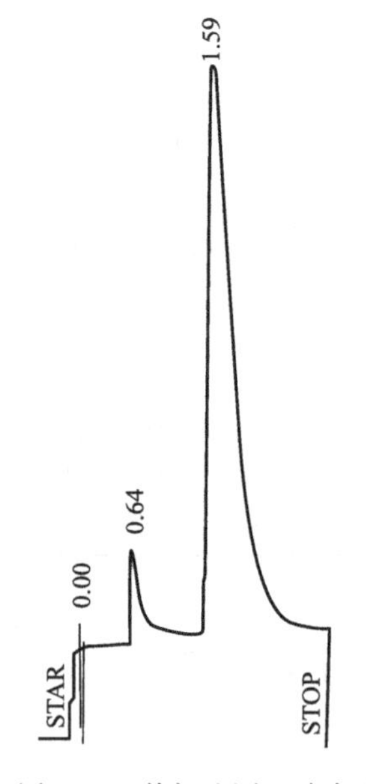

图 5-32　外标法测乙醇中水分的色谱图

0.64min—水；1.59min—乙醇

（三）训练基本技能

（1）能够按照分析方法要求，制备标准样品或标准系列；

（2）掌握开关仪器气路、电路程序；

（3）选择最佳操作条件完成组分间分离；

（4）掌握热导池检测器操作条件的设置；

（5）测定组分色谱峰面积或峰高、完成定量分析；

三、工作过程

（一）仪器与试剂

气相色谱仪；色谱柱（GD×101）；60mL 分液漏斗（1 个）；微量进样注射器（10μL、50μL 等）；氢气钢瓶；记录仪（或色谱数据处理机）。

苯（GC 级）；蒸馏水；乙醇试样。

（二）实验内容与操作步骤

1. 准备工作

（1）制备水饱和苯溶液　将一定量 GC 级的苯置于分液漏斗中，用同体积的蒸馏水振荡洗涤，去掉水溶性物质，如此洗涤次数不应小于 5 次。最后一次振荡均匀后连水一起装入容量瓶中备用。

（2）色谱仪的开机　先将色谱柱换成 GDX101（ϕ3mm×1m，40～60 目），然后按正确开机程序开机，设置各参数为：柱温 100℃，载气为 H_2，流量 40mL·min^{-1}，检测器为热导池，桥电流 180mA，汽化室温度为 200℃，衰减比 1∶1。

2. 水饱和苯溶液的分析测定

待仪器调试至基线平直后，抽洗微量注射器 5～10 次，分别按 2.0μL、3.0μL、4.0μL、5.0μL、6.0μL 的进样量进样。记录样品名对应的文件名，打印出色谱图和分析结果，同时记录苯层温度。重复进样两次。

3. 乙醇试样的分析测定

在完全一致的操作条件下，取 3.0μL 乙醇试样进样，分析结束后，打印出色谱图和分析结果。

重复进样两次。

4. 结束工作

实验结束后清洗进样器，并按程序正确关闭色谱仪和气源，同时清洗台面，填写仪器使用记录。

（三）注意事项

（1）水饱和苯溶液在每次开始使用前，都需要振荡 30s 以上，静止 2min 后，方可取苯层进样，同时用温度计准确量取苯层温度。

（2）进样量要准确，进样速度要快，针尖在汽化室停留时间要短且统一，否则工作曲线线性较差。

（3）取样以及整个分析过程中要尽量保证样品瓶的密封性，防止样品吸潮或挥发。

（4）平行测定的水峰峰高相对偏差要小于 5%，否则实验应重做。

（四）数据处理

（1）记录实验条件。

（2）记录苯层温度。

（3）将水饱和苯溶液和试样中的水峰峰高填入下表：

进样量/μL		水饱和苯溶液					试样
		1.0	2.0	3.0	4.0	5.0	3.0
$h_{水}$/min	1						
	2						
	3						
	平均值						
含水量/mg							

（4）绘制标准工作曲线。

（5）计算乙醇中水的含量。

任务五 甲苯含量测定

一、工作任务书

"内标法测定甲苯含量"工作任务书

工作任务	某企业产品甲苯含量的测定
任务分解	1. 按照分析方法要求，制备标准溶液； 2. 配置仪器、选择最佳操作条件； 3. 运用内标法完成定量测定
目标要求	**技能目标** 1. 掌握气相色谱仪开关机操作方法； 2. 根据样品分离情况选择最佳分离条件； 3. 掌握 FID 检测器工作条件的设置 **知识目标** 1. 气相色谱法分析原理； 2. 掌握气相色谱法选择固定液、选择操作条件； 3. 掌握气相色谱定性分析方法； 4. 掌握气相色谱内标定量方法
学生角色	企业化验员
成果形式	学生原始数据单、检验报告单、知识和技能学习总结
备注	参考标准 GB/T 9722—2006

二、前导工作

（一）查阅相关国家标准

见项目一中任务一。

（二）储备基本知识

内标法如下所述。

适用情况：若试样中所有组分不能全部出峰，或只要求测定试样中某个或某几个组分的含量时，可以采用内标法定量。

内标法是准确称量一定量的内标物 S（选定的标准物）加入到准确称量的一定量试样中，混合均匀后，在一定色谱条件下注入色谱仪，出峰后分别测量组分 i 和内标物 S 的峰面积（或峰高），按式（5-35）计算组分 i 的含量。

$$w_i=\frac{m_i}{m_{试样}}=\frac{m_S\dfrac{f'_iA_i}{f'_SA_S}}{m_{试样}}=\frac{m_S}{m_{试样}}\times\frac{A_i}{A_S}\times\frac{f'_i}{f'_S} \tag{5-35}$$

式中，f'_i、f'_S分别为组分 i 和内标物 S 的质量校正因子；A_i、A_S 分别为组分 i 和内标物 S 的峰面积。

如果用峰高定量，则：

$$w_i=\frac{m_S f'_{i(h)} h_i}{m_{试样} f'_{S(h)} h_S} \tag{5-36}$$

式中，$f'_{i(h)}$、$f'_{S(h)}$分别为组分 i 和内标物 S 的峰高校正因子。

对于内标物的要求是：

(1) 内标物应是试样中不存在的纯物质；

(2) 内标物与样品应完全互溶，但不能发生化学反应；

(3) 内标物的性质应与待测组分性质相近，以使内标物的色谱峰与待测组分色谱峰靠近并与之完全分离；

(4) 内标物加入量应接近待测组分含量，以使内标物的色谱峰与待测组分色谱峰的峰高或峰面积接近。

内标法的优点是：不需准确进样（进样量的多少与测定结果无关），操作条件（如流速，柱温）的变化对定量结果的影响很小。

内标法的缺点是：加入内标物可能对组分间的分离增加困难。增加了内标物及样品的准确称量工作，操作较麻烦。

（三）基本技能训练

(1) 能够按照分析方法要求，制备标准样品或标准系列；

(2) 掌握开关仪器气路、电路程序；

(3) 选择最佳操作条件完成组分间分离；

(4) 掌握 FID 检测器的操作条件的设置；

(5) 测定组分色谱峰面积或峰高、完成定量分析。

三、工作过程

（一）仪器与试剂

气相色谱仪；色谱柱（DNP 柱，ϕ4mm×2m）；氢气；氮气钢瓶；空气压缩机；微量注射器（10μL）；2 支 1mL 通用注射器；2 个试剂瓶。

苯；甲苯（GC 级）；甲苯试样（CP 级或自制）。

（二）操作步骤

1. 准备工作

(1) 配制标准溶液　取一个干燥洁净带胶塞的试剂瓶（青霉素瓶），称其质量（准确至 0.001g，下同），用医用注射器吸取 1mL GC 级甲苯注入小瓶内，然后称量，计算出甲苯质量；再用另一支注射器取 0.2mL 苯（GC 级）注入瓶内，再称量，求出瓶内苯的质量，摇匀备用。

（2）配制甲苯试样溶液　另取一干燥洁净的试剂瓶，先称出瓶的质量，然后用注射器吸取 1mL 甲苯试样，注入瓶中，称出（瓶＋甲苯）质量，再求出甲苯试样质量。然后再用注射器吸取 0.1mL GC 级的苯（内标物），称量后计算出加入苯的质量，摇匀。

（3）仪器的开机　启动色谱仪，打开载气（N_2）钢瓶，调节流量为 20～30mL·min^{-1}，柱温设为 90～95℃，汽化室温度 120℃；打开色谱工作站，设置各种参数。

（4）FID 的点火

① 打开空气钢瓶或空气压缩机的开关，调节流量为 500～600mL·min^{-1}，设置检测器温度 110℃；

② 待检测器温度恒定至 110℃时，打开氢气钢瓶，将流量调至 80mL·min^{-1}左右，点火（是否点燃可将不锈钢扳手置于检测器上看是否有雾气，或点火时看基线有无大的信号输出）；

③ 点燃后，将氢气流量降至 20～30mL·min^{-1}。

2. 标准溶液的分析

待基线稳定后抽洗微量注射器，注入 0.2～0.4μL 标准溶液，分析测定，色谱图走完后记录样品名对应的文件名，打印出色谱图及分析测定结果。重复操作三次。

3. 试样的分析

抽洗微量注射器，注入 0.2～0.4μL 的甲苯试样溶液，分析测定，色谱图走完后记录样品名对应的文件名，打印出色谱图及分析测定结果。重复操作两次。

4. 结束工作

（1）实验结束后，清洗进样器；

（2）关机

① 先关闭氢气钢瓶总阀，回零后关减压阀，然后关闭 H_2 稳压阀；

② 关空气钢瓶（或空气压缩机开关）；

③ 关闭温度控制系统的加热开关；

④ 关色谱工作站；

⑤ 待温度降至室温时，关闭仪器总电源；

⑥ 关载气总阀及减压阀，关载气稳压阀。

（3）清理台面，填写仪器使用记录。

（三）注意事项

（1）注射器使用前应先用丙酮或乙醚抽洗 5～6 次，然后再用所要吸取的试液抽洗 5～6 次。

（2）氢气是一种危险气体，使用过程中一定要按要求操作，而且色谱实验室一定要有良好的通风设备。

(四) 数据处理

(1) 记录实验操作条件。

(2) 从打印出的色谱分析结果上将苯、甲苯的峰高填入下表：

试剂及其步骤		h/mm				m/g
		1	2	3	平均值	
苯	标准溶液					
	试样溶液					
甲苯	标准溶液					
	试样溶液					

(3) 根据标准溶液分析测定所得到的数据，按下式计算出甲苯的峰高校正因子（以苯为标准物）。

$$f'_{甲苯(h)}=\frac{m_i h_S}{m_S h_i}$$

(4) 根据甲苯试样溶液分析测定所得到的数据，按下式计算出样品中甲苯的含量（以苯为内标物）：

$$W_{甲苯}=\frac{h_i}{h_S}\times\frac{m_S}{m_{样}}\times f'_{甲苯(h)}$$

式中，m_S、$m_{样}$ 分别代表内标物苯及样品溶液的质量；$f'_{甲苯(h)}$ 为苯作标准物的甲苯的峰高相对质量校正因子。

四、答疑解惑

DNP 柱（使用邻苯二甲酸二壬酯作固定液）是中等极性的色谱，在一定的色谱操作条件下可对一些简单的苯系化合物进行完全的分离（见图 5-33）。

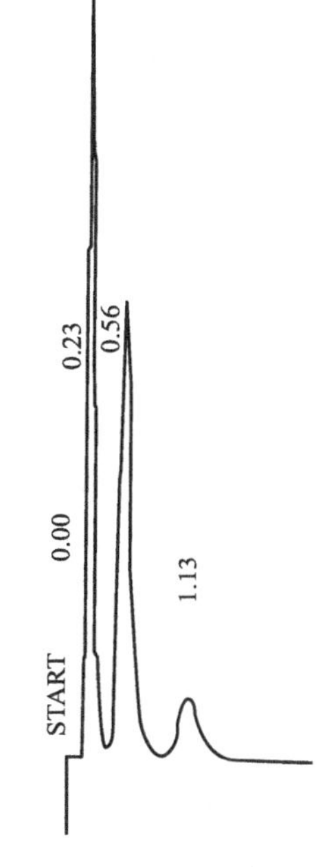

图 5-33 内标法测甲苯含量分离谱图

0.23min—苯（内标物）；0.56min—甲苯；1.13min—杂质

五、检查与评价

1. 内标法定量有哪些优点？方法的关键是什么？
2. 本实验为什么可以采用峰高定量？

任务六 甲苯、联苯含量测定

一、工作任务书

"高效液相色谱法分析甲苯和联苯"工作任务书

工作任务	高效液相色谱外标法测定甲苯和联苯
任务分解	1. 按照分析方法要求，制备标准溶液； 2. 配置仪器、选择最佳操作条件； 3. 配制流动相并完成过滤、除气； 4. 外标法完成定量测定
目标要求	**技能目标** 1. 掌握液相色谱仪开关机操作方法； 2. 根据样品分离情况选择最佳分离条件； 3. 掌握紫外检测器操作条件的设置 **知识目标** 1. 液相色谱法分析原理； 2. 掌握液相色谱法选择流动相及流动相过滤、除气方法； 3. 掌握液相色谱定性分析方法； 4. 掌握液相色谱外标法定量方法
学生角色	企业化验员
成果形式	学生原始数据单、检验报告单、知识和技能学习总结
备注	参考标准 GB/T 16631—2008

二、前导工作

（一）查阅相关国家标准

见项目一中任务一。

（二）储备基本知识

高效液相色谱分析法如下所述。

高效液相色谱法（HPLC）是在气相色谱和经典液相色谱的基础上发展起来的。现代液相色谱和经典液相色谱没有本质的区别。高效液相色谱采用了高效色谱柱、高压输液泵和高灵敏度检测器。因此，高效液相色谱的分离效率、分析速度和灵敏度大大提高。定量准确，达到可与 GC 相媲美的分离分析性能。特别是结合计算机技术，实现了高度自动化和智能化。

HPLC 的保留值等色谱分析有关术语与气相色谱相一致；高效液相色谱所用基本理论——塔板理论与速率理论也与气相色谱基本一致。

液相色谱与气相色谱有一定差别，主要有以下几方面。

第一，应用范围不同。液相色谱非常适合分子量较大、难汽化、不易挥发或对热敏感的物质、离子型化合物及高聚物的分离分析，大约占有机物的 70%～80%。

第二，流动相不同。气相色谱的流动相载气是色谱惰性的永久性气体，不参与分配平衡过程，与样品分子无亲和作用，样品分子只与固定相相互作用。而在液相色谱中流动相是各种低沸点有机溶剂及水溶液。也参与样品分子相互作用，因此液相色谱流动相的作用比气相色谱大。

第三，液相色谱分离类型多，如离子交换色谱和排阻色谱。高效液相色谱可分为液-固吸附色谱、液-液分配色谱、离子交换色谱和凝胶渗透色谱等多种类型。应用最广泛的是液-液色谱。液相色谱作为分析时选择余地大，而气相色谱选择余地较小。

第四，气相色谱一般都在较高的温度下进行分离分析，而液相色谱通常在室温条件下操作。

第五，柱外效应。由于液体的扩散性比气体的小，因此，溶质在液相中的传质速率慢，HPLC 的柱外效应就显得特别重要；而在气相色谱中，柱外区域扩张可以忽略不计。

第六，液相色谱尚缺乏高灵敏度、通用型的检测器，液相色谱柱子昂贵，要消耗大量溶剂，液相色谱仪器比较复杂，操作严格。价格也较气相色谱仪昂贵，主是因为采用了高压泵。

（1）高效液相色谱的主要类型及选择　高效液相色谱法的主要分离类型有液-固色谱法（吸附色谱法）；液-液分配色谱法；化学键合相色谱法；离子交换色谱法；凝胶色谱法（体积排阻色谱法）。其他色谱类型有：亲合色谱法（affinity chromatography，AC）；手性色谱法（chiral chromatography，CC）；胶束色谱法（micellar chromatography，MC）；电色谱法（electrochromatography，EC）。

① 液固色谱法（吸附色谱法）

a. 液-固色谱法分离原理　液固色谱法使用固体吸附剂，被分离组分在色谱柱上分离原理是根据固定相对组分吸附力大小不同而分离。分离过程是一个吸附-解吸附的平衡过程。常用的吸附剂为硅胶或氧化铝，粒度 5～10μm。适用于分离相对分子质量 200～1000 的组分，大多数用于非离子型化合物，离子型化合物易产生拖尾。常用于分离同分异构体。

b. 固定相　液固色谱固定相可分为极性和非极性两大类型。极性吸附剂包括硅胶、氧化铝、氧化镁、硅酸镁、分子筛及聚酰胺等。

极性吸附剂分为酸性吸附剂和碱性吸附剂。酸性吸附剂包括硅胶和硅酸镁（表面 pH=5）等，碱性吸附剂有氧化铝、氧化镁和（表面 pH=10～12）等。酸性吸附剂适于分离碱性物质，如脂肪胺和芳香胺。碱性吸附剂则适于分离酸性溶质，如酚类、羧酸和吡咯衍生物等。最常用的吸附剂是硅胶，其次是氧化铝。

HPLC 中非极性吸附剂为高聚物微球、聚合物包覆固定相和石墨化炭黑。石墨化炭黑是近年广泛推荐使用的非极性固定相。

c. 流动相　液-固色谱中，选择流动相的基本原则是极性大的试样用极性较强的流动相，极性小的则用低极性流动相。为了获得合适的溶剂极性，常采用两种、三种或更多种不同极性的溶剂混合起来使用，如果样品组分的分配比 k 值范围很广，则使用梯度洗脱。

液相色谱的流动相必须符合下列要求：

（ⅰ）能溶解样品，但不能与样品发生反应；

（ⅱ）与固定相不互溶，也不发生不可逆反应；

（ⅲ）黏度要尽可能小，这样才能有较高的渗透性和柱效；

（ⅳ）应与所用检测器相匹配，例如利用紫外检测器时，溶剂要不吸收紫外光；

（ⅴ）容易精制、纯化、毒性小，不易着火、价格尽量便宜等。

② 液-液分配色谱

a. 分离原理　用涂渍在基体上的固定液作固定相，以不同极性溶剂作流动相，组分分子依据它们在固定液与流动相中的溶解度，即溶质分子在固定相和流动相间的分配系数大小来进行分离的色谱方法。

液-液色谱中，组分分子依据它们在固定液与流动相中的溶解度，分别进入两相进行分配，当系统达到分配平衡时，分配系数为：

$$K=k\beta$$

式中，k 为容量因子；β 为相比率。与气液色谱相同，k 小的组分，保留值小，先流出柱。

由于可用作固定液的有机化合物种类繁多，因此液液色谱对各种样品都能提供良好的选择性。然而与气-液色谱法不同的是，流动相的种类对分配系数有较大的影响。

b. 固定相　液-液色谱的固定相由载体和固定液组成，将固定液机械地涂渍在担体上组成固定相。

常用的载体有下列几类：

（ⅰ）表面多孔型载体（薄壳型微珠载体），由直径为 30～40μm 的实心玻璃球和厚度约为 1～2μm 的多孔性外层所组成。

（ⅱ）全多孔型载体，由硅胶、硅藻土等材料制成，直径为 30～50μm 的多孔型颗粒。

（ⅲ）全多孔型微粒载体，由纳米级的硅胶微粒堆积而成，又称堆积硅珠。这种载体粒度为 5～10μm。由于颗粒小，所以柱效高，是目前使用最广泛的一种载体。

常用的固定液有下列几种：β，β'-氧二丙腈（ODPN）、聚乙二醇（PEG）、十八烷（ODS）和角鲨烷固定液等。

c. 液液色谱流动相　经过在惰性载体上机械涂渍固定液后制成的液-液色谱柱，在使用过程由于大量流动相通过色谱柱，会溶解固定液而造成固定液的流失，并导致保留值减小，柱选择性下降。为防止固定液的流失，可采用以下措施。

选择对固定相的溶解度尽可能小的溶剂作流动相。

流动相进入色谱柱前，预先用固定液饱和，这种被固定液饱和的流动相再流经色谱柱时就不会溶解固定液了。

使流动相保持低流速经过固定相，并保持色谱柱温恒定。

进样时若溶解样品的溶剂对固定液有较大的溶解度，应避免过大的进样量。

当色谱柱使用一定时间后，仍会出现保留值减少柱效下降的现象。因此现在日益广泛使用的化学键合固定相已渐渐取代了液-液色谱中的固定相。

要求流动相对固定相的溶解度尽可能小，当选择固定液是极性物质时，所选用的流动相通常是极性很小的溶剂或非极性溶剂。固定相载体上涂布极性固定液，用非极性溶剂作流动相的液-液色谱，称为正相分配色谱。反之，固定相载体上涂布较弱极性或非极性固定液，用极性溶剂作流动相。这样的液-液色谱称为反相分配色谱，组分出峰顺序恰好与正相液-液色谱相反，即极性组分先出峰，非极性大的组分后出峰。反相分配色谱适合于分离芳烃、稠环芳烃及烷烃等化合物。正相分配色谱和反相分配色谱都可用于分离同系物及含有不同官能团的多组分混合物。

在正相液液分配色谱中，使用的流动相与液-固色谱中使用极性吸附剂时所用的流动相类似。此时流动相主体为己烷、庚烷，可加入20%的极性改性剂，如一氯丁烷、氯仿、二氯甲烷、异丙醚、乙酸乙酯、四氢呋喃、乙醇、甲醇、乙腈等，这样溶质的容量因子会随改性剂的加入而减小，表明混合溶剂的洗脱强度明显增强。

在反相液-液分配色谱中，使用的流动相与液-固色谱中使用非极性吸附剂时所用的流动相类似。此时流动相主体为水，可加入<20%的极性改性剂，如二甲基亚砜、乙二醇、甲醇、丙酮、对二氧六环、乙醇、四氢呋喃、异丙醇等，溶质在混合溶剂中的容量因子会随改性剂的加入而减小，表明混合溶剂的洗脱强度明显增强。

③ 键合相色谱法　键合相色谱法是由液-液分配色谱法发展起来的。液-液分配色谱将固定液机械地涂渍在担体上组成固定相。20世纪70年代初人们将各种不同的有机官能团通过化学反应共价键合到硅胶（载体）表面的游离羟基上，从而产生键合相色谱法。

a. 分离原理

（ⅰ）正相键合相色谱法分离原理　在正相色谱法中，共价结合到载体上的基团都是极性基团，如氨基、氰基、二醇基等。流动相溶剂是与吸附色谱中的流动相很相似的非极性溶剂，如庚烷、己烷及异辛烷等。由于固定相是极性，因此流动溶剂的极性越强，洗脱能力也越强，即极性大的溶剂是强溶剂。正相色谱法的分离机理属于分配色谱。

（ⅱ）反相键合相色谱法的分离原理　在反相色谱法中，一般采用非极性键合固定相，如硅胶-$C_{18}H_{37}$（简称ODS或C_{18}）、硅胶-苯基等，用强极性的溶剂为流动相，如甲醇/水、乙腈/水、水和无机盐的缓冲液等。流动相的极性比固定相的极性强。

吸附色谱的作用机制认为溶质在固定相上的保留是疏溶剂作用的结果。根据疏溶剂理论，当溶质分子进入流动相后，即占据流动相中的相应空间，而排挤一部分溶剂分子；当溶质分子被流动相推动与固定相接触时，组分分子（溶质分子）非极性部分会将非极性固定相上附着的溶剂膜排挤开，而直接与非极性固定相上的烷基官能团结合（吸附）形成缔合配合物，构成单分子吸附层。这种疏溶剂的斥力作用是可逆的，当流动相极性减少时，这种疏溶剂的斥力下降，会发生解缔，并将溶质分子释放而被脱下来。烷基键合固定相对每种溶质分子缔合作用和解缔作用能力之差，就决定了溶质分子在色谱过程的保留值。

b. 固定相　化学键合固定相一般都采用硅胶为基体。化学键合固定相主要分为以下几种。

（ⅰ）非极性键合相。非极性烃基，如C_{18}、C_8、C_1与苯基等键合在硅胶表面；用于反相色谱；长链烷基可使溶质的k增大，选择性改善，载样量提高，稳定性更好。

（ⅱ）弱极性键合相。醚基和二羟基等键合相；用于反相或正相色谱。

（ⅲ）极性键合相。常用氨基、氰基键合相［氰乙硅烷基$\equiv Si(CH_2)_2CN$］键合硅胶；一般用于正相色谱。

c. 流动相　在反相色谱中，一般采用非极性键合固定相，如硅胶-$C_{18}H_{37}$（简称ODS或C_{18}）硅胶-苯基等，用强极性的溶剂为流动相，如甲醇/水、乙腈/水、水和无机盐的缓冲液等。

在正相色谱中，一般采用极性键合固定相，硅胶表面键合的是极性的有机基团，键合相的名称由键合上去的基团而定。最常用的有氰基（—CN）、氨基（—NH_2）、二醇基（DI-

OL）键合相。流动相一般用比键合相极性小的非极性或弱极性有机溶剂，如烃类溶剂，或其中加入一定量的极性溶剂（如氯仿、醇、乙腈等）以调节流动相的洗脱强度。通常用于分离极性化合物。

流动相在使用前必须脱气，否则很易在系统的低压部分逸出气泡，气泡的出现不仅影响柱分离效率，还会影响检测器的灵敏度甚至不能正常工作。脱气的方法有加热回流法、抽真空脱气法、超声脱气法和在线真空脱气法等。

（2）高效液相色谱仪　典型的高效液相色谱仪是由高压输液系统、进样系统、分离系统、检测系统和色谱数据处理系统（色谱工作站）五个基本部分和相关辅助部件构成，见图 5-34。

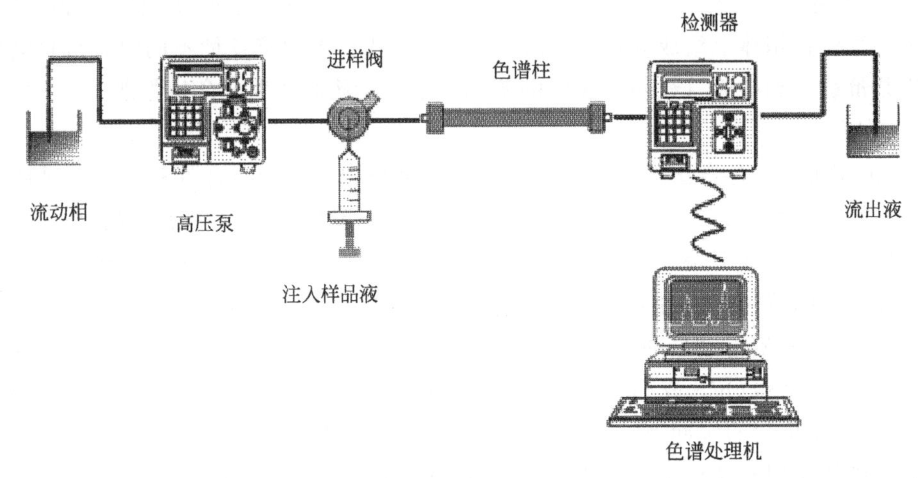

图 5-34　HPLC 的基本装置

仪器的工作流程如下。高效液相色谱仪流程见图 5-35。分析前，选择适当的色谱柱和流动相，开泵，冲洗柱子，待柱子达到平衡而且基线平直后，用微量注射器把样品注入进样口，由流动相把试样带入色谱柱进行分离，分离后的组分依次流入检测器的流通池，最后和洗脱液一起排入流出物收集器。当有样品组分进入流通池时，检测器把组分浓度转变成电信号，经过放大，用记录器记录下来就得到色谱图。色谱图是定性、定量和评价柱效高低的依据。

仪器基本结构介绍如下。

a. 高压输液系统　输液系统包括储液罐、过滤器、梯度洗脱装置、高压输液泵、脱气

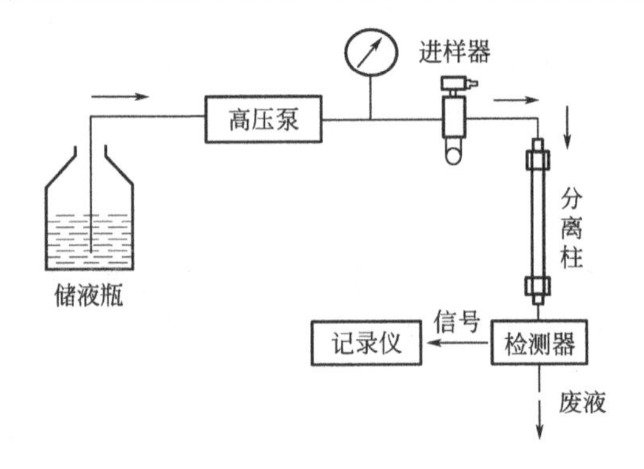

图 5-35　HPLC 的流程

装置等组成。

储液罐用来储存足够数量、符合要求的流动相，一般为不锈钢、玻璃或氟塑料制成的容器，容量为1～2L。储液罐可以是一个普通的溶剂瓶或者专门设计的储液器。储液器往往和泵通过管路构成循环系统，以便除去溶剂中的气体。溶剂瓶一般采用耐腐蚀的玻璃瓶或聚四氟乙烯瓶。储液罐的放置位置要高于泵体，一是防止因蒸发引起流动相组成改变；二是可防止气体进入。

气相色谱由高压钢瓶直接提供动力，高压输液泵是高效液相色谱仪中关键部件之一，高压输液泵的作用是将溶剂储存器中的流动相以高压形式连续不断地送入液路系统，使样品在色谱柱中完成分离过程。

对高压输液泵的要求如下。

能在高压下连续工作，一般要求耐压30～60MPa·cm^{-2}。

输出流量范围宽：且输出流量稳定，要求无脉冲。

耐腐蚀，能适合各种有机溶剂、水和缓冲溶液。

适用于梯度洗脱。

密封性好。泵体易于清洗和维修。

高压输液泵主要有恒压泵和恒流泵两类，常使用恒流泵。恒流泵又称机械泵，主要有机械注射泵与机械往复泵两类。

恒压泵和恒流泵各有优缺点。

恒流泵特点是在一定操作条件下，输出流量保持恒定，其流量与流动相黏度和色谱柱引起阻力变化无关；恒压泵是指输出压力恒定，但其流量随色谱系统阻力而变化，故保留时间的重现性差。恒压泵又叫气动放大泵，泵出口压力在系统中是恒定的，流速由柱的阻力决定。它的特点是：高压、无脉动、成本低，用空气压缩机或气体钢瓶低压驱动，操作成本低。缺点是更换溶剂困难。

过滤器的作用是除掉机械杂质及固体颗粒。

由于液相色谱柱、进样器等都很精密，微小的机械杂质将导致这些部件损害而不能正常工作，同时机械杂质在柱头的积累还影响柱子的使用，因此，溶剂需要过滤。

在液相色谱中，有时会出现先出的峰分不开、后面的峰保留值又太大的现象，这时，为了保证组分相互分离，可以采用梯度洗脱改变溶剂强度或选择性。梯度洗脱就是在分离过程中使两种或两种以上不同极性的溶剂按一定程序连续改变它们之间的比例，从而使流动相的强度、极性、pH值或离子强度相应地变化，达到提高分离效果、缩短分析时间的目的。

梯度洗脱装置分为两类：一类为低压梯度（也叫外梯度），在常压下，预先按一定程序将两种或多种不同极性的溶剂混合后，再用一台高压泵输入色谱柱；二类为高压梯度（或称内梯度系统），利用两台高压输液泵，将两种不同极性的溶剂按设定的比例送入梯度混合室，混合后，进入色谱柱。

b. 进样系统　进样系统包括进样口、注射器和进样阀等，它的作用是把分析试样有效地送入色谱柱上进行分离。在液相色谱中，进样方式有隔膜式注射进样器进样、高压进样阀进样、自动进样装置等。

隔膜式注射进样器有硅橡胶隔膜，在原理上与气相色谱法完全一致。用微量注射器进样的优点可柱头进样，减小死体积，充分发挥柱的效能，简单便宜。缺点是高压进样时漏液，会产生误差，隔垫使用次数有限，进样量小，重复性差。

六通阀可以获得好的重复性，更换不同体积的进样定量管，可调整进样量。所以六通阀进样器是最常用的。

六通阀结构如图 5-36 所示，操作时先将进样器手柄置于采样位置（LOAD），此时进样口只与定量环接通，处于常压状态，用微量注射器（体积应大于定量环体积）注入样品溶液，样品停留在定量环中。然后转动手柄至进样位置（INJECT），使定量环接入输液管路。样品定量管的容积是固定的，因此进样重复性好。

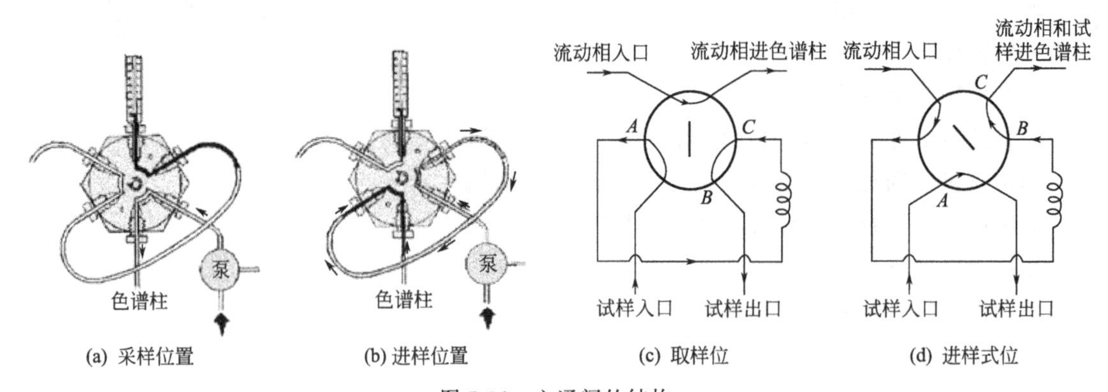

图 5-36　六通阀的结构

c. 分离系统　分离系统包括色谱柱、恒温器和连接管等部件。

色谱柱的选择应从以下几个方面考虑：固定相类型的选择；柱填料的结构；柱规格；色谱柱的牌号/厂商等。

柱的填料是由固定液涂在担体上而成。担体主要有表面是多孔型担体和全多孔型担体。近年来出现的全多孔型微粒担体，由于颗粒小、柱效高，是目前广泛使用的一种担体。

色谱柱是色谱仪最重要的部件（心脏）。通常用后壁玻璃管或内壁抛光的不锈钢管制作的，对于一些有腐蚀性的样品且要求耐高压时，可用铜管、铝管或聚四氟乙烯管。

一般在分离柱前有一个前置柱，前置柱内填充物和分离柱一样，安装在分析柱前。其作用是收集、阻断来自进样器的机械和化学杂质，以保护和延长分析柱的使用寿命。

适当提高柱温可改善传质，提高柱效，缩短分析时间。

在分析时可以采用带有恒温加热系统的金属夹套来保持色谱柱的温度。温度一般不超过100℃。常用的色谱柱恒温装置有水浴式、电加热式和恒温箱式三种。

检测系统。按性质或应用范围分为总体性能检测器和溶质性能检测器，按测量信号性质分为浓度型检测器和质量型检测器。按测量原理分为热学性质检测器、光学性质检测器、电学及电化学性质检测器等。按信号记录方式不同可分为积分型和微分型检测器；按样品是否变化可分为破坏性和非破坏性检测器。

最常用的液相色谱检测器依次是紫外检测器、示差折射检测器、荧光检测器和电化学检测器等。

检测器是液相色谱仪的关键部件之一。对检测器的要求是：一是灵敏度高，重复性好；二是线性范围宽；三是死体积小；四是对温度和流量的变化不敏感；五是使用方便、可靠、耐用，易清洗和检修。

紫外吸收检测器是目前 HPLC 中应用最广泛的检测器。它要求被检测样品组分有紫外吸收，使用的洗脱液无紫外吸收或紫外吸收波长与被测组分紫外吸收波长不同，在被测组分紫外吸收波长处没有吸收。

UVD 广泛应用源于以下的特点。

灵敏度高；噪声低，可降至 10^{-4}；线性范围宽，应用广泛。

对流动相基本无响应，属溶质性能检测器。受操作条件变化和外界影响很小，一般对流速和温度不太敏感，适用于梯度洗脱。

对无紫外吸收的物质如饱和烃及有关衍生物无响应。

需选用无紫外吸收特性的溶剂作流动相。

可用于制备色谱，也能与其他检测器串联使用。

结构简单，维修方便。

示差折光检测器　示差折光检测器是除紫外检测器之外应用最多的检测器。

示差折光检测器是通过连续测定色谱柱流出液折射率的变化来检测样品浓度的。就是检测参比池（流动相本身）和样品池中流动相之间的折射率差值。差值与浓度呈正比。见图 5-37 和图 5-38，当参比池与测量池充满流动相时，它们的折射率相等，此时，光强相抵消，当测量池有组分时，因折射率与流动相不同，则折光发生一个距离的偏转，偏转程度与组分的性质、浓度有关。

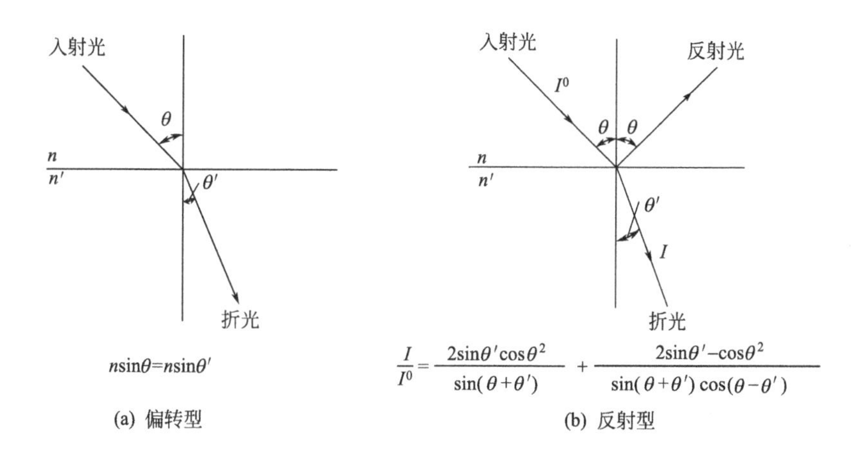

图 5-37　示差折光检测器原理

示差折光检测器的优点是通用性强，操作简便；缺点是灵敏度低，对温度变化敏感。此外，由于洗脱液组成的变化会使折射率变化很大，因此，这种检测器也不适用于梯度洗脱。

示差折光检测器属于总体性能检测器，是根据不同物质具有不同折射率来进行组分检测的。它可以检测没有紫外吸收的物质，如高分子化合物、糖类、脂肪烷烃等。

荧光检测器是一种高灵敏度、高选择性检测器。对多环芳烃、维生素 B、黄曲霉素、卟啉类化合物、农药、药物、氨基酸、甾类化合物等有响应。

荧光检测器的结构及工作原理和荧光光度计相似。

1982 年出现首台光电二极管阵列检测器，光电二极管阵列检测器有 1024 个二极管阵列，每个光电二极管宽仅 50μm，各检测一窄段波长。在检测器中，光源发出的紫外或可见光通过液相色谱流通池，在此流动相中的各个组分进行特征吸收，然后通过狭缝，进入单色

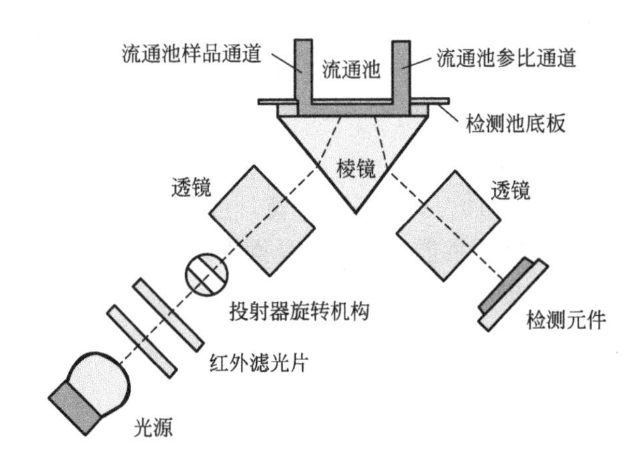

图 5-38 示差折光检测器

器进行分光，最后由光电二极管阵列检测，得到各个组分的吸收信号。经计算机快速处理，得到吸光度、波长、时间三维光谱立体谱图。为分析工作者提供了十分丰富的定性定量信息。二极管阵列检测器的特殊功能可以在许多领域中发挥重要作用。

高效液相色谱仪（HPLC）在使用过程中，难免会出现各种各样的问题，从以下几个方面来说明高效液相色谱仪的日常维护。

试管：

保持试管洁净；

塑料试管的溶解会产生干扰信号；

被测样品在试管壁上产生吸附。

操作进样阀：

进样量的控制；

保持进样阀的清洁；

避免进样阀溢流管的堵塞。

流动相：

配好的流动相的一定要过滤；

流动相在使用前必须脱气。

色谱柱：

使用预柱和保护柱；

防止气体进入色谱柱；

及时清洗色谱柱；

按要求存放色谱柱。

吸滤头：特殊情况下可拆下滤头抽取以判断其中是否堵塞；亦可用注射器吸取流动相通过吸滤头打出以判断其是否堵塞。若有堵塞情况，可用异丙醇超声波清洗；清洗不成功则需要更换。

手动进样器：平时应注意用二次蒸馏水和甲醇在装载状态及进样分析状态清洗。

工作站：出现死机可重启计算机；不正常运行时，首先可更换电脑测试其硬件故障；或在本机上重新插拔接口、重新安装软件。

(3) 高效液相色谱基本理论与实验技术　高效液相色谱的基本理论与气相色谱基本相同。在气相色谱法中表达分离过程的许多基本关系式都适用于高效液相色谱法。

① 实验技术

a. 流动相的脱气　HPLC 所用流动相必须预先脱气，否则容易在系统内逸出气泡，影响泵的工作。气泡还会影响柱的分离效率，影响检测器的灵敏度、基线稳定性，甚至无法检测。溶解氧能与某些溶剂（如甲醇、四氢呋喃）形成有紫外吸收的络合物，此络合物会提高背景吸收（特别是在 260nm 以下），并导致检测灵敏度的轻微降低。

常用的脱气方法有：加热煮沸、抽真空、超声、吹氦等。对混合溶剂，若采用抽气或煮沸法，则需要考虑低沸点溶剂挥发造成的组成变化。超声脱气比较好，但应注意避免溶剂瓶与超声槽底部或壁接触，以免玻璃瓶破裂，一般来说有机溶剂中的气体易脱除，而水溶液中的气体不好脱除。在溶液中吹氦是相当有效的脱气方法。

b. 流动相的过滤　所有溶剂使用前都必须过滤，以除去杂质微粒，色谱纯试剂也需过滤。用滤膜过滤时，分清有机相（脂溶性）滤膜和水相（水溶性）滤膜。有机相滤膜一般用于过滤有机溶剂。水相滤膜只能用于过滤水溶液。

c. 流动相的储存　流动相一般储存于玻璃、聚四氟乙烯或不锈钢容器内。不能储存在塑料容器中。因许多有机溶剂如甲醇、乙酸等可浸出塑料表面的增塑剂，导致溶剂受污染。储存容器一定要盖严，防止溶剂挥发引起组成变化，也防止氧和二氧化碳溶入流动相。

d. 衍生化技术　衍生法是指借助化学反应给样品化合物接上某个特定基团，从而改善样品混合物的检测性能和分离效果。

进行化学衍生化应符合以下条件：一是化学反应能迅速、定量的进行；二是只能生成一种衍生物，反应副产物及过量的衍生试剂不干扰分离和检测；三是化学衍生试剂方便易得，通用性好。

化学衍生法分为柱前衍生和柱后衍生。柱前衍生是在色谱分离前，预先将样品制成衍生物，然后进行分离和检测。柱后衍生则是色谱分离后，在色谱系统中加入衍生试剂及辅助反应液与色谱馏出组分直接在系统中进行反应，然后检测衍生反应产物。

柱前衍生是根据衍生物的性质不同而进行分离的，柱后衍生是先分离出样品混合物，然后再衍生。具体问题具体分析，根据实际情况选择衍生方法。

紫外检测器在液相色谱中使用最广泛，大多数紫外衍生反应来自经典的光度法和定量有机分析法。例如苯甲酰化反应、羧酸的酯化反应等。

荧光检测器比紫外检测器灵敏度高，适用于痕量分析。荧光衍生物的选择性好，它的激发波长和发射波长与衍生试剂不一样，即使有过量的试剂或反应副产物存在反应液中，也可由色谱柱分开，不产生干扰。

e. 试样的预处理　试样需要预处理的原因有如下几点：

试样中若含有固体悬浮物，进样后可能堵塞进样器、管道或色谱柱的垫片；

若待测组分浓度过低，必须进行预富集才能检测出；

复杂试样中若含有和待测组分色谱峰重叠的成分，则在分离之前应除去；

试样中若含对色谱柱有害的成分，应提前除去，可以延长色谱柱的寿命。

试样预处理的方法主要有试样的过滤、待测组分富集和干扰组分的分离。试样过滤装置的滤膜可由纤维素、聚四氟乙烯或尼龙制成。试样的净化和富集是色谱分析中常用的步骤，可以用固相萃取法富集试样，固相萃取法处理试样可以节省时间，同时交叉污染机会少，重现性好，回收率高。

② 液相色谱定量分析　液相色谱定量分析与气相色谱定量分析类似，定量准确度高，定量范围宽。

a. 峰高和峰面积的测量　峰高和峰面积是从色谱图上可得到的基本数据，测量峰面积的方法很多，分为自动测量和手工测量两大类。手工测量包括称重法和几何测量法。自动测量和称重法比较精确，可以测量真实峰面积。几何测量法主要有峰高乘半峰宽法、峰高乘平均峰宽法、三角形法等。

b. 定量方法　高效液相色谱的定量方法和气相色谱类似，常用的定量方法有归一化法、外标法、内加法等多种方法。

归一化法比较准确，不需称重样品，也不需准确进样，对仪器的操作条件要求较低。外标法的优点是制成标准曲线后，测量简单，计算方便。内标法的关键是选择合适的内标物。与归一化法类似，内标法进样量不必准确，操作条件稍有变化也没什么影响，但每次分析时，样品和内标物都要准确称量，比较麻烦。

③ 高效液相色谱分析方法的确立　通常在确定被分析的样品以后，要建立一种高效液相色谱分析方法必须解决以下问题：

a. 根据被分析样品的特性选择适用于样品分析的一种高效液相色谱分析方法。

b. 选择一根适用的色谱柱，确定柱的规格（柱内径及柱长）和选用固定相（粒径及孔径）。

c. 选择适当的或优化的分离操作条件，确定流动相的组成、流速及洗脱方式。

d. 由获得的色谱图进行定性分析和定量分析。

（三）基本技能训练

（1）能够按照分析方法要求，制备标准样品或标准系列；
（2）掌握开关仪器程序；
（3）选择操作条件、流动相组成完成组分间分离；
（4）掌握流动相过滤、除气操作；
（5）掌握紫外检测器的操作条件的设置；
（6）学会使用液相色谱工作站；
（7）测定组分色谱峰面积或峰高、完成定量分析；
（8）理解流动相组成对样品组分保留时间的影响。

三、工作过程

（一）仪器与试剂

高效液相色谱仪；紫外检测器；HPLC 微量进样注射器（10μL）；超声波清洗器及玻璃器皿。

甲苯、联苯、甲醇等试剂均为分析纯级；二次蒸馏水；标准混合储备液（1.00mg·mL^{-1} 甲苯、联苯的甲醇溶液）。

（二）色谱条件

（1）色谱柱 Shimadzu VO-ODS（4.6mm×150mm）C_{18}分析柱。

（2）流动相 A液，水；B液，甲醇。用前用超声波清洗器脱气。

（3）UV-检测器 检测波长254nm。

（4）进样体积：10μL；流动相流速为1.0mL·min^{-1}。

（5）样品 甲苯、联苯的混合甲醇溶液。

（三）操作步骤

（1）开启色谱仪，先开启泵、在线脱气机、柱温箱、检测器，再开启系统控制器，最后开启电脑。

（2）打开色谱工作站，打开文件。

（3）打开紫外检测器，检测波长为254nm。

（4）流动相A液和B液的比例为1∶9，流动相流量为1.0mL·min^{-1}，柱温为40℃。

（5）标准溶液的配制：分别移取0.3mL或0.5mL标准溶液储备液于10mL容量瓶中，用甲醇定容。各溶液的浓度分别为0.030mg·mL^{-1}或0.0500mg·mL^{-1}。

（6）注入标准溶液10.0μL，记录色谱图，设置色谱工作站显示标准甲苯和联苯峰面积$A_{S甲苯}$和$A_{S联苯}$。

（7）试样的测定：注入样品溶液10.0μL，记录色谱图，设置色谱工作站显示显示样品甲苯和联苯峰面积$A_{x甲苯}$和$A_{x联苯}$。

（8）计算未知样品中甲苯和联苯的含量：

$c_{甲苯}=(A_{x甲苯}/A_{S甲苯})c_{S甲苯}$

$c_{联苯}=(A_{x联苯}/A_{S联苯})c_{S联苯}$

（9）改变流动相的配比（1∶9；0∶10），观察色谱峰保留时间的变化。

（10）改变柱温（40℃，30℃），观察色谱峰保留时间的变化。

（11）实验结束时，用甲醇冲洗色谱仪液路系统和注射器，然后按照与开机相反的顺序关机。

（四）结果处理

根据保留时间进行定性；对试样各组分依据峰面积求得各组分的含量。

四、答疑解惑

用非极性的十八烷基键合固定相，多以甲醇-水或乙腈-水作为流动相（极性流动相），用于分离非极性或极性小的化合物，该方法是目前最常用的反相液相色谱法。化学键合固定相是在薄壳型或全多孔硅胶微粒上，通过化学反应把有机分子键合到无机担体表面。其优点是固定相表面更加均匀一致，能灵活地改变吸附剂表面性质，提高选择性，增强稳定性，延长柱的寿命。反相键合相的保留机制是疏水效应起主导作用，所以样品组分的疏水性差异是分离的基础。对非离子型化合物，分子极性愈大，保留值愈小；对非极性化合物，分析表面积愈大，保留值愈大；在同系物中链愈长、苯环愈多，保留值愈大。流动相也影响被测组分的保留值，流动相的表面张力愈小，保留值愈小。在常用的溶剂中，以水的表面张力最大，因此流动相中水的含量减小，流动相的表面张力下降，组分的保留值减小。

本项目分离甲苯、联苯两种芳烃的混合物，由于苯环个数或分子的表面积有显著差别，因此在反相高效液相色谱中得到很好的分离。用保留时间定性，根据峰面积标准工作曲线定量。

五、检查与评价

1. 正相液液分配色谱和反相液液分配色谱如何区分？
2. 高效液相色谱仪主要有哪些基本组件组成？
3. 高效液相色谱仪常用的检测器分为哪几类？
4. 为什么要进行试样预处理？可以采用哪些方法进行预处理？

任务七 可乐型饮料中咖啡因含量测定

一、工作任务书

“可乐型饮料中咖啡因含量的测定”工作任务书

工作任务	可乐型饮料中咖啡因含量的测定
任务分解	1. 按照分析方法要求，制备标准溶液； 2. 配置仪器、选择最佳操作条件； 3. 配制流动相并完成过滤、除气； 4. 运用标准曲线法完成定量测定
目标要求	**技能目标** 1. 掌握液相色谱仪开关机操作方法； 2. 根据样品分离情况选择最佳分离条件； 3. 掌握紫外检测器操作条件的设置 **知识目标** 1. 液相色谱法分析原理； 2. 掌握液相色谱法选择流动相及流动相过滤、除气方法； 3. 掌握液相色谱定性分析方法； 4. 掌握液相色谱标准曲线法定量方法
学生角色	企业化验员
成果形式	学生原始数据单、检验报告单、知识和技能学习总结
备注	执行标准 GB/T 5009.139—2003

二、前导工作

（一）查阅相关国家标准

见项目一中任务一。

（二）训练基本技能

（1）能够按照分析方法要求，制备标准样品或标准系列；
（2）掌握开关仪器程序；
（3）选择操作条件、流动相组成完成组分间分离；
（4）掌握流动相过滤、除气操作；
（5）掌握紫外检测器的操作条件的设置；
（6）学会使用液相色谱工作站；
（7）测定组分色谱峰面积或峰高、完成定量分析。

三、工作过程

我国国家标准规定可乐型饮料咖啡因允许加入含量不得超过150mg·kg^{-1}。

高效液相色谱法（HPLC）是可乐型饮料、咖啡和茶叶以及制成品中咖啡因含量简单、快速、准确的测定方法。

咖啡因的甲醇液在286nm波长下有最大吸收，其吸收值的大小与咖啡因浓度成正比，样品通过高效液相色谱分离，以保留时间定性，峰面积定量。

（一）仪器与试剂

甲醇HPLC试剂；乙腈HPLC试剂；超纯水，电阻为18.2MΩ；咖啡因标准品，纯度98%以上。

高效液相色谱仪；色谱柱Bondapak［C_{18}（30cm×3.9mm id)］；预柱RESAVE（C_{18}）；超声清洗器；混纤微孔滤膜。

（二）分析步骤

1. 试样处理

（1）脱气　试样用超声清洗器在40℃下超声5min。

（2）过滤　取脱气试样10.0mL通过混纤微孔滤膜过滤，弃去最初的5mL，保留后5mL备用。

2. 色谱条件

（1）流动相　甲醇＋乙腈＋超纯水＝57＋29＋14（每升流动相中加入0.8mol·L^{-1}乙酸液50mL)。

（2）流动相的流速　1.5mL·min^{-1}。

3. 标准曲线的绘制

用甲醇配制成咖啡因浓度分别为0μg·mL^{-1}、20μg·mL^{-1}、50μg·mL^{-1}、100μg·mL^{-1}、150μg·mL^{-1}的标准系列，然后分别进样10μL，于286nm测量峰面积，作峰面积-咖啡因浓度的标准曲线。

4. 测定

从试样中吸取可乐饮料10μL进样，于286nm处测其峰面积，然后根据标准曲线得出试样的峰面积相当于咖啡因的浓度 c（μg·mL^{-1}）。同时做试剂空白。

5. 结果计算

可乐型饮料中咖啡因含量（mg·L^{-1}）$=c$

6. 精密度

可乐型饮料：在重复性条件下获得的两次独立测定结果的绝对差值不得超过算术平均值的5%。

（三）数据记录与处理

根据标准曲线得出样品的峰面积相当于咖啡因的浓度 c（μg·mL^{-1}）。

$$\text{可乐型饮料中咖啡因含量}(\mathrm{mg\cdot L^{-1}})=c$$

四、答疑解惑

1. 色谱柱的个体差异很大，因此，色谱条件（主要是流动相配比）应根据所用色谱柱的实际情况做适当的调整。

2. 咖啡因及其制品组成较复杂，需要在进样之前进行预处理并使用保护柱，以防止污染色谱柱。

五、检查与评价

1. 试述高效液相色谱标准曲线法定量的优点。
2. 高效液相色谱法流动相选择依据是什么？

附　录

一、 结果评价方法

项目结果考核分为技能考核和过程考核及课后评价三个部分。技能考核主要考察操作过程的规范性及检测结果的准确性，占项目考核的50%；过程考核主要考察标准的解读是否正确、方案的实施是否顺利等，占项目考核的30%，学生独立完成课后检查与评价，占项目考核的20%。化学分析部分项目评价表参考表1和表2。仪器分析部分项目评价表参考表3和表4。

表1　操作技能考核表

项目名称		学生姓名	
评价内容	记录	配分	得分
试样的处理过程			10
仪器设备的安装使用过程			10
样品的测定过程			20
原始数据的记录			10
数据处理方法			15
检测结果的准确性			15
检验报告是否规范			10
实验现场的卫生状况			10
总评			

表2　过程考评价考核表

项目名称：		学生姓名：	
评价项目		配分	得分
1. 是否能独立地获取信息，资料收集是否完善		10	
2. 制定、实施项目方案情况		20	
3. 能否清晰地表达自己的观点和思路，并及时解决		15	
4. 安全、环保意识的确立与表现		5	
5. 项目实施过程中的原始记录及检验报告单的完成情况		10	
6. 工作环境的整洁有序与团队合作精神表现		10	
7. 是否能认真总结、正确评价项目完成情况		10	
8. 通过项目训练是否达到所要求的能力目标		20	
总评			

表 3 气相色谱考核表

序号	考核内容	考 核 要 点	记录	分值	扣分	得分
1	开启载气(3)	高压气瓶与减压阀的开启与载气压力的调整		3		
2	气路检漏(5)	钢瓶至减压阀间检漏		2		
		汽化室至检测器出口间检漏		3		
3	开机、调试(18)	载气流量调节、测定		5		
		电路开机步骤		2		
		柱箱温度调节		2		
		汽化室温度调节		2		
		TCD 检测器温度调节		2		
		衰减选择		1		
		工作站操作		2		
		工作站参数设置		2		
4	定性(4)	保留值定性操作		3		
		定性结果		1		
5	组分分离度调整(10)	分离度调整操作		5		
		分离度 R 值		5		
6	测量操作(14)	注射器使用前处理		2		
		抽样操作		1		
		进样操作		3		
		是否有失败进样		3		
		时间范围设定		1		
		电压范围设定		1		
		报告编辑		1		
		谱图打印设置		1		
		打印谱图		1		
	故障排除(2)	在短时间内查出原因并排除		2		
		经提示后排除		1		
		提示后乃无法排除		0		
7	结束工作(7)	电路关机操作		2		
		气路关机操作		2		
		注射器使用后处理		2		
		整理实验台		1		
8	结果准确度和精密度(37)	精密度		17		
		准确度		20		

表 4 液相色谱法考核表

序号	考核内容	考核要点	记录	分值	扣分	得分
1	开启仪器(3)	检查液路、调整流动相流量		3		
2	液路检查(5)	液路中有无气泡		2		
		液路是否漏液		3		
3	调试仪器(18)	工作站联机		5		
		流动相限压调节		2		
		流动相流量调节		2		
		紫外检测器波长调节		2		
		紫外检测器衰减选择		2		
		工作站操作		1		
		工作站参数设置		2		
		报告单设置		2		
4	定性(4)	保留值定性操作		3		
		定性结果		1		
5	组分分离度调整(10)	流动相流速调整操作		5		
		流动相组成调整		5		
6	测量操作(14)	进样器清洗		2		
		注射器使用前处理		3		
		样品过滤操作		3		
		进样操作		1		
		时间范围设定		1		
		电压范围设定		1		
		数据存储		1		
		谱图打印设置		1		
		打印谱图		1		
	故障排除(2)	在短时间内查出原因并排除		2		
		经提示后排除		1		
		提示后乃无法排除		0		
7	结束工作(7)	冲洗色谱柱		2		
		电路关机操作		2		
		注射器使用后处理		2		
		整理实验台		1		
8	结果准确度和精密度(37)	精密度		17		
		准确度		20		

二、气压计读数温度校正值及纬度校正值

表5 气压计读数温度校正值

室温/℃	气压计读数/hPa							
	925	950	975	1000	1025	1050	1075	1100
10	1.51	1.55	1.59	1.63	1.67	1.71	1.75	1.79
11	1.66	1.70	1.75	1.79	1.84	1.88	1.93	1.97
12	1.81	1.86	1.90	1.95	2.00	2.05	2.10	2.15
13	1.96	2.01	2.06	2.12	2.17	2.22	2.28	2.33
14	2.11	2.16	2.22	2.28	2.34	2.39	2.45	2.51
15	2.26	2.32	2.38	2.44	2.50	2.56	2.63	2.69
16	2.41	2.47	2.54	2.60	2.67	2.73	2.80	2.87
17	2.56	2.63	2.71	2.77	2.83	2.90	2.97	3.04
18	2.71	2.78	2.85	2.93	3.00	3.07	3.15	3.22
19	2.86	2.93	3.01	3.09	3.17	3.25	3.32	3.40
20	3.01	3.09	3.17	3.25	3.33	3.42	3.50	3.58
21	3.16	3.24	3.33	3.41	3.50	3.59	3.67	3.76
22	3.31	3.40	3.49	3.58	3.67	3.76	3.85	3.94
23	3.46	3.55	3.65	3.74	3.83	3.93	4.02	4.12
24	3.61	3.71	3.81	3.90	4.00	4.10	4.20	4.29
25	3.76	3.86	3.96	4.06	4.17	4.27	4.37	4.47
26	3.91	4.01	4.12	4.23	4.33	4.44	4.55	4.66
27	4.06	4.17	4.28	4.39	4.50	4.61	4.72	4.83
28	4.21	4.32	4.44	4.55	4.66	4.78	4.89	5.01
29	4.36	4.47	4.59	4.71	4.83	4.95	5.07	5.19
30	4.51	4.63	4.75	4.87	5.00	5.12	5.24	5.37
31	4.66	4.79	4.91	5.04	5.16	5.29	5.41	5.54
32	4.81	4.94	5.07	5.20	5.33	5.46	5.59	5.72
33	4.96	5.09	5.23	5.36	5.49	5.63	5.76	5.90
34	5.11	5.25	5.38	5.52	5.66	5.80	5.94	6.07
35	5.26	5.40	5.54	5.68	5.82	5.97	6.11	6.25

表6 纬度校正值

纬度/(°)	气压计读数/hPa							
	925	950	975	1000	1025	1050	1175	1100
0	−2.48	−2.55	−2.62	−2.69	−2.76	−2.83	−2.90	−2.97
5	−2.44	−2.51	−2.57	−2.64	−2.71	−2.77	−2.81	−2.91
10	−2.35	−2.41	−2.47	−2.53	−2.59	−2.65	−2.71	−2.77
15	−2.16	−2.22	−2.28	−2.34	−2.39	−2.45	−2.54	−2.57
20	−1.92	−1.97	−2.02	−2.07	−2.12	−2.17	−2.23	−2.28
25	−1.61	−1.66	−1.70	−1.75	−1.79	−1.84	−1.89	−1.94
30	−1.27	−1.30	−1.33	−1.37	−1.40	−1.44	−1.48	−1.52
35	−0.89	−0.91	−0.93	−0.95	−0.97	−0.99	−1.02	−1.05
40	−0.48	−0.49	−0.50	−0.51	−0.52	−0.53	−0.54	−0.55
45	−0.05	−0.05	−0.05	−0.05	−0.05	−0.05	−0.05	−0.05
50	+0.37	+0.39	+0.40	+0.41	+0.43	+0.44	+0.45	+0.46
55	+0.79	+0.81	+0.83	+0.86	+0.88	+0.91	+0.93	+0.95
60	+1.17	+1.20	+1.24	+1.27	+1.30	+1.33	+1.36	+1.39
65	+1.52	+1.56	+1.60	+1.65	+1.69	+1.73	+1.77	+1.81
70	+1.83	+1.87	+1.92	+1.97	+2.02	+2.07	+2.12	+2.17

参 考 文 献

［1］ 朱嘉云．有机分析．北京：化学工业出版社，2004.
［2］ 陈耀祖．有机分析．北京：高等教育出版社，1983.
［3］ 陈耀祖．有机微量定量分析．北京：科学出版社，1982.
［4］ 易晓虹．有机分析．北京：中国轻工业出版社，1999.
［5］ 丁敬敏等．有机分析．北京：化学工业出版社，2009.
［6］ 金世美．有机分析教程．北京：高等教育出版社，1992.
［7］ 张振宇．化工分析．北京：化学工业出版社，2001.
［8］ 余仲建．李松兰，张殿坤．现代有机分析化学．天津：科学技术出版社，1994.
［9］ 国家药典委员会．中华人民共和国药典．2010 版第一、二部．北京：中国医药科技出版社，2012.
［10］ 中华人民共和国国家标准
GB/T 617—2006《化学试剂熔点范围测定通用方法》
GB/T 616—2006《化学试剂沸点范围测定通用方法》
GB 4472—2011《化工产品密度相对密度的测定》
GB/T 6488—2008《液体化工产品折光率的测定（20℃）》
GB/T 613—2007《化学试剂比旋光本领（比旋光度）测定通用方法》
GB/T 6283—2008《化工产品中水分含量的测定　卡尔·费休法（通用方法）》
GB/T 5532—2008《动植物油脂　碘值的测定》
GB/T 2441.1—2008《尿素的测定方法》
GB/T 7815—2008《工业用季戊四醇》
GB/T 13216—2008《甘油试验方法》
GB/T 5534—2008《动植物油脂　皂化值的测定》